① I부터 5까지의 수

KB085354

● 1, 2, 3, 4, 5를 알아볼까요?

		수	쓰기	읽기	
🍊	●	I	①I	하나	일
🍎🍎	●●	2	①2	둘	이
🫘🫘🫘	●●●	3	①3	셋	삼
🍅🍅🍅🍅	●●●●	4	①4②	넷	사
🍅🍅🍅🍅🍅	●●●●●	5	①→5②	다섯	오

> 수를 셀 때는 '하나, 둘, 셋, 넷, 다섯'과 같이 세고 마지막에 센 수를 써.

1~4 수만큼 ○를 그려 보세요.

1
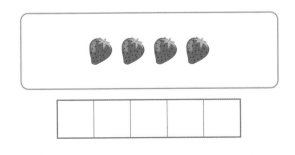

3

2
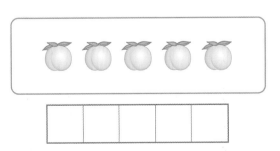

4

5~10 수를 세어 알맞은 수에 ○표 하세요.

11~16 수를 세어 빈칸에 알맞은 수를 써넣으세요.

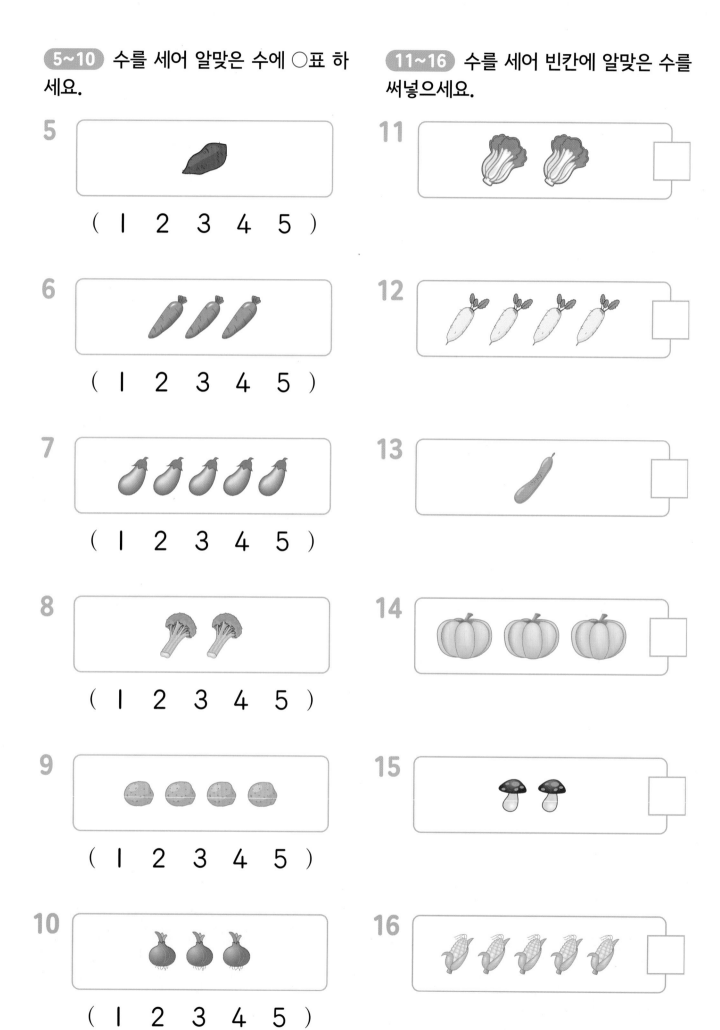

5
(1   2   3   4   5)

6
(1   2   3   4   5)

7
(1   2   3   4   5)

8
(1   2   3   4   5)

9
(1   2   3   4   5)

10
(1   2   3   4   5)

11

12

13

14

15

16

17~24 수를 세어 알맞은 말에 ○표 하세요.

17

(하나 둘 셋 넷 다섯)

18

(하나 둘 셋 넷 다섯)

19

(하나 둘 셋 넷 다섯)

20

(하나 둘 셋 넷 다섯)

21

(일 이 삼 사 오)

22

(일 이 삼 사 오)

23

(일 이 삼 사 오)

24

(일 이 삼 사 오)

주어진 수만큼 쿠키 모양을 색칠하세요.

주어진 수가 ☐ 이므로 쿠키 모양 👤 을 ☐ 개 색칠합니다.

간식 사기

카드에 적힌 수를 바르게 읽었으면 파란색 화살표(➡, ↙)를, 잘못 읽었으면 빨간색 화살표(⬇)를 따라 이동하면 편의점에서 선우가 산 간식을 알 수 있습니다. 선우가 산 간식을 찾아 ○표 하세요.

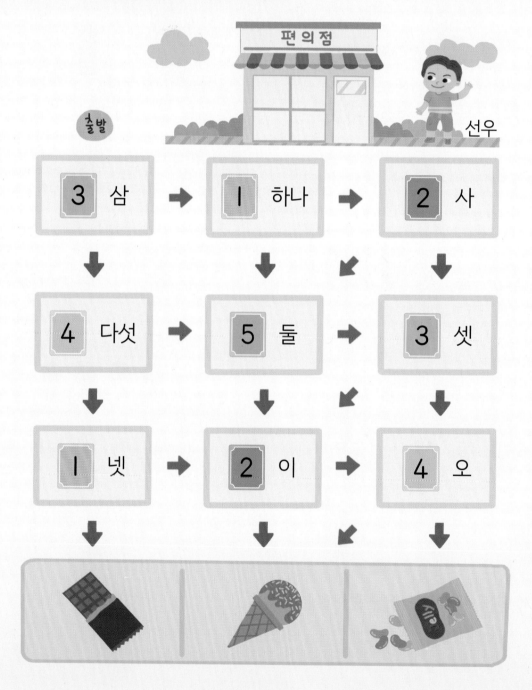

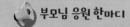

❷ 6부터 9까지의 수

● 6, 7, 8, 9를 알아볼까요?

		수	쓰기	읽기	
⚪⚪⚪⚪⚪ ⚪	●●●●● ●	6	①6	여섯	육
🏈🏈🏈🏈🏈 🏈🏈	●●●●● ●●	7	①7②	일곱	칠
⚪⚪⚪⚪⚪ ⚪⚪⚪	●●●●● ●●●	8	8①	여덟	팔
🏸🏸🏸🏸🏸 🏸🏸🏸🏸	●●●●● ●●●●	9	9①	아홉	구

수를 셀 때는 '하나, 둘, ..., 여섯, 일곱, 여덟, 아홉'과 같이 세고 마지막에 센 수를 써.

1~4 수만큼 ○를 그려 보세요.

1

3

2

4

수를 세어 알맞은 수에 ○표 하세요.

수를 세어 빈칸에 알맞은 수를 써넣으세요.

5

(6 7 8 9)

6

(6 7 8 9)

7

(6 7 8 9)

8

(6 7 8 9)

9

(6 7 8 9)

10

(6 7 8 9)

11

12

13

14

15

16

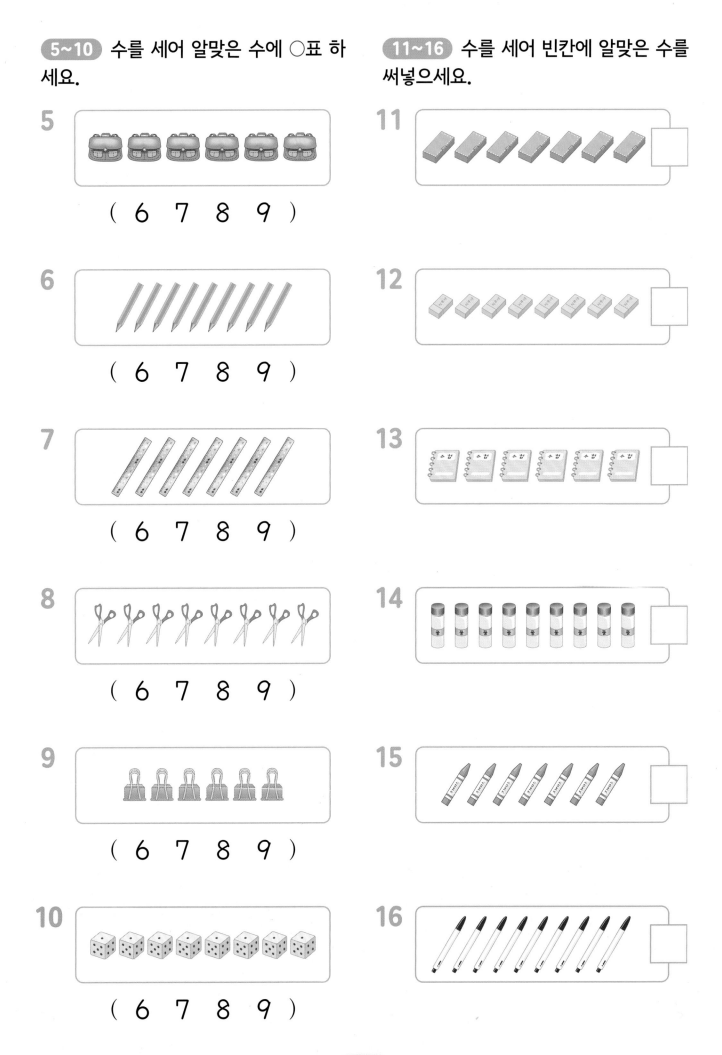

17

(여섯 일곱 여덟 아홉)

21

(육 칠 팔 구)

18

(여섯 일곱 여덟 아홉)

22

(육 칠 팔 구)

19

(여섯 일곱 여덟 아홉)

23

(육 칠 팔 구)

20

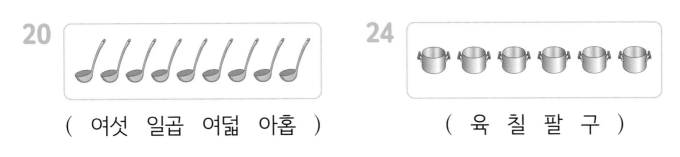

(여섯 일곱 여덟 아홉)

24

(육 칠 팔 구)

주어진 수만큼 병아리를 [   ]으로 묶어 보세요.

병아리의 수를 (여섯 , 일곱 , 여덟 , 아홉)까지 세어 [   ]으로 묶습니다.

그림일기

그림일기를 읽고 밑줄 친 수를 바르게 읽은 것에 ○표 하세요.

3월 8일 토요일　날씨

오늘은 3월 8(육 , 칠 , 팔)일, 기다리던 내 생일이었다.

6(여섯 , 일곱 , 여덟)명의 친구를 집으로 초대하여 생일잔치를 했다.

친구들에게 캐릭터 카드를 7(여섯 , 일곱 , 여덟)장이나 선물 받아 정

말 기뻤다. 또 친구들과 맛있는 음식을 먹으면서 이야기를 나누고, 놀이터로

나가서 뛰어놀았다.

기분이 좋은 하루였다.

내년 9(일곱 , 여덟 , 아홉)번째 생일이 벌써 기다려진다.

③ 몇째

● 수로 순서를 나타내 볼까요?

(1) 순서는 첫째, 둘째, 셋째, 넷째, 다섯째, 여섯째, 일곱째, 여덟째, 아홉째로 나타냅니다.

(2) 기준에 따라 순서가 달라질 수 있습니다.

은 ─ 위에서 넷째에 있습니다.
   └ 아래에서 둘째에 있습니다.

처음 순서는 '하나째'라고 말하지 않도록 주의해.

1~4 순서에 맞는 기차 칸에 ○표 하세요.

1 둘째

첫째

2 넷째

첫째

3 여섯째

첫째

4 아홉째

첫째

5~8 순서에 맞게 이어 보세요.

5

|1|2|3|4|5|6|7|8|9|

둘째　　넷째　　일곱째

6

|1|2|3|4|5|6|7|8|9|

다섯째　　셋째　　여덟째

7

| 6 | | 1 | | 5 |

첫째

8

| 4 | | 9 | | 7 |

첫째

9~12 알맞게 이어 보세요.

9　아래에서 셋째

10　아래에서 여섯째

11　위에서 둘째

12　위에서 여덟째

13

둘(이)

△ △ △ △ △ △ △ △ △

둘째

△ △ △ △ △ △ △ △ △

15

다섯(오)

♡ ♡ ♡ ♡ ♡ ♡ ♡ ♡ ♡

다섯째

♡ ♡ ♡ ♡ ♡ ♡ ♡ ♡ ♡

수를 셀 때는
'하나, 둘, 셋, ..., 여덟,
아홉'으로 세.

순서를 말할 때는
'첫째, 둘째, 셋째, ..., 여덟째,
아홉째'로 말해.

14

일곱(칠)

△ △ △ △ △ △ △ △ △

일곱째

△ △ △ △ △ △ △ △ △

16

아홉(구)

♡ ♡ ♡ ♡ ♡ ♡ ♡ ♡ ♡

아홉째

♡ ♡ ♡ ♡ ♡ ♡ ♡ ♡ ♡

지연이가 좋아하는 컵케이크입니다. 순서에 맞게 ☐ 안에 알맞은 수를 써넣으세요.

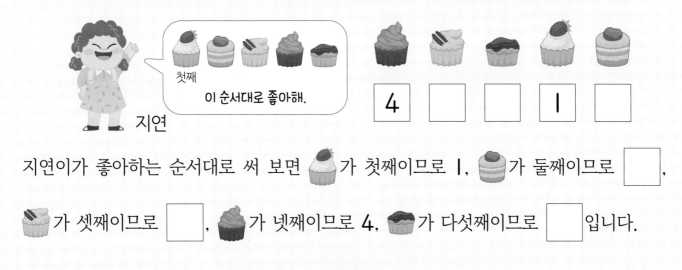

첫째
이 순서대로 좋아해.

지연

4 ☐ ☐ 1 ☐

지연이가 좋아하는 순서대로 써 보면 🧁 가 첫째이므로 1, 🧁 가 둘째이므로 ☐ ,

🧁 가 셋째이므로 ☐ , 🧁 가 넷째이므로 4, 🧁 가 다섯째이므로 ☐ 입니다.

자리 찾기

은주와 승재가 연극을 보러 갔습니다. 두 친구의 대화를 읽고 은주의 자리에 ○표, 승재의 자리에 △표 하세요.

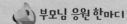

📖 교과서 9까지의 수

④ 9까지 수의 순서

● 1부터 9까지 수의 순서를 알아볼까요?

1 다음 수는 2, 2 다음 수는 3, 3 다음 수는 4, ..., 7 다음 수는 8, 8 다음 수는 9이므로 1부터 9까지의 수를 순서대로 쓰면 다음과 같습니다.

1~4 순서에 맞게 □ 안에 알맞은 수를 써넣으세요.

1

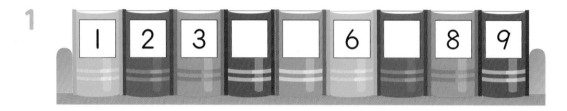

| 1 | 2 | 3 | | | 6 | | 8 | 9 |

2

| 1 | 2 | | 4 | 5 | | 7 | | |

3

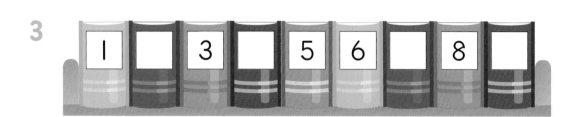

| 1 | | 3 | | 5 | 6 | | 8 | |

4

| | 2 | | 4 | | 6 | 7 | | 9 |

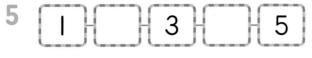 **5~16** 순서에 맞게 빈칸에 알맞은 수를 써넣으세요.

5 | 1 | | 3 | | 5 |

쏙셈 1권 **1주 4일** ②

11
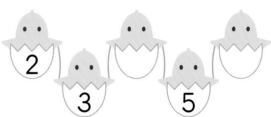

6 | 3 | 4 | | 6 | |

12
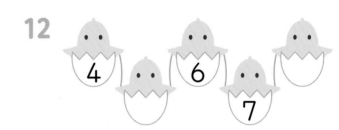

7 | 2 | | 4 | | 6 |

13

8 | | 5 | | 7 | 8 |

14
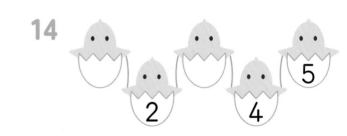

9 | | 6 | | | 9 |

15
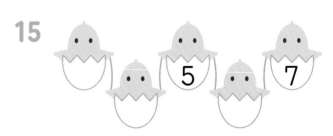

10 | | 3 | | 5 | |

16

순서를 거꾸로 하여 빈칸에 알맞은 수를 써넣으세요.

17 | 9 | 8 | 7 | | |

21

18 | 5 | 4 | | 2 | |

22

19 | | 7 | | 5 | 4 |

23

20 | 6 | | | 3 | |

24

1부터 9까지의 수 카드를 수의 순서대로 놓았습니다. 여섯째에 놓인 수 카드의 수는 무엇인가요?

순서에 맞게 수 카드에 알맞은 수를 써넣고 각각 몇째인지 말해 보세요.

1	2	3		5			8	
첫째	둘째	셋째					여덟째	

따라서 여섯째에 놓인 수 카드의 수는 ☐ 입니다. 답 ☐

그림 완성하기

1부터 9까지의 수를 순서대로 이어 그림을 완성하세요.

⑤ 1만큼 더 큰 수와 1만큼 더 작은 수(1)

● 5보다 1만큼 더 큰 수와 1만큼 더 작은 수를 알아볼까요?

1만큼 더 작은 수　　　　　　　　　　　　　1만큼 더 큰 수

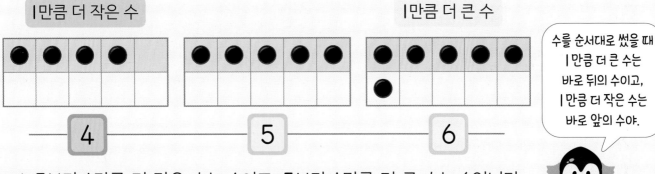

수를 순서대로 썼을 때 1만큼 더 큰 수는 바로 뒤의 수이고, 1만큼 더 작은 수는 바로 앞의 수야.

➡ 5보다 1만큼 더 작은 수는 4이고, 5보다 1만큼 더 큰 수는 6입니다.

● 0을 알아볼까요?

1보다 1만큼 더 작으면 아무것도 없습니다. 아무것도 없는 것을 0이라고 합니다.

2　1　0

쓰기	읽기
①0	영

[1~2] 주어진 수보다 1만큼 더 큰 수를 ○로 나타내고 빈칸에 알맞은 수를 써넣으세요.

[3~4] 주어진 수보다 1만큼 더 작은 수를 ○로 나타내고 빈칸에 알맞은 수를 써넣으세요.

5~8 주어진 수보다 1만큼 더 큰 수를 나타내는 것에 ○표 하세요.

9~12 주어진 수보다 1만큼 더 작은 수를 나타내는 것에 ○표 하세요.

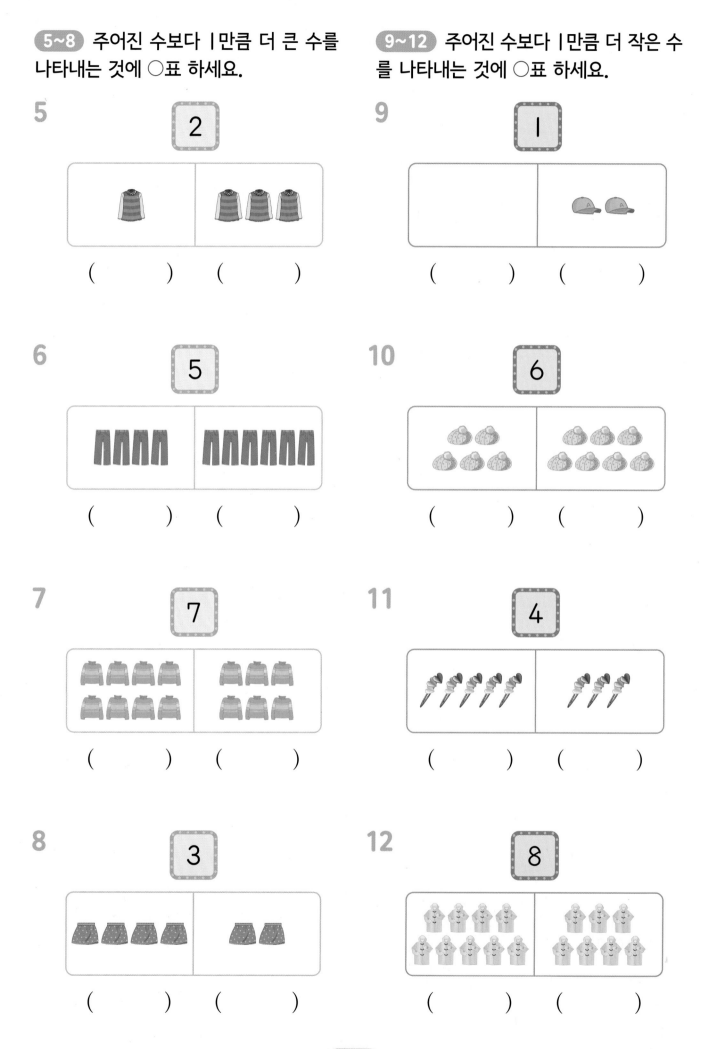

5

2

(   )   (   )

6

5

(   )   (   )

7

7

(   )   (   )

8

3

(   )   (   )

9

1

(   )   (   )

10

6

(   )   (   )

11

4

(   )   (   )

12

8

(   )   (   )

13~24 빈칸에 알맞은 수를 써넣으세요.

13 1만큼 더 작은 수 □ — 2 — □ 1만큼 더 큰 수

14 1만큼 더 작은 수 □ — 4 — □ 1만큼 더 큰 수

15 1만큼 더 작은 수 □ — 7 — □ 1만큼 더 큰 수

16 1만큼 더 작은 수 □ — 3 — □ 1만큼 더 큰 수

17 1만큼 더 작은 수 □ — 1 — □ 1만큼 더 큰 수

18 1만큼 더 작은 수 □ — 6 — □ 1만큼 더 큰 수

19 1 →(1만큼 더 큰 수)→ □ →(1만큼 더 큰 수)→ □

20 7 →(1만큼 더 큰 수)→ □ →(1만큼 더 큰 수)→ □

21 4 →(1만큼 더 큰 수)→ □ →(1만큼 더 큰 수)→ □

22 □ ←(1만큼 더 작은 수)← □ ←(1만큼 더 작은 수)← 2

23 □ ←(1만큼 더 작은 수)← □ ←(1만큼 더 작은 수)← 8

24 □ ←(1만큼 더 작은 수)← □ ←(1만큼 더 작은 수)← 5

빙고 놀이

누리와 소정이는 빙고 놀이를 하고 있습니다. 빙고 놀이에서 이긴 사람은 누구인가요?

<빙고 놀이 방법>

- 가로, 세로 5칸인 놀이판에 1부터 9까지의 수 또는 수를 읽은 말을 자유롭게 적은 다음 서로 번갈아 가며 수를 말합니다.
- 자신과 상대방이 말한 수 또는 그 수를 바르게 읽은 것에 모두 ✕표 합니다.
- 가로, 세로, 대각선 중 한 줄에 있는 5개의 수 또는 말에 모두 ✕표 한 경우 '빙고'를 외칩니다.
- 먼저 '빙고'를 외치는 사람이 이깁니다.

누리

소정

2	셋	✕	오	3
일곱	✕	✕	✕	이
5	아홉	✕	삼	✕
✕	7	✕	✕	✕
✕	다섯	둘	9	✕

📖 교과서 9까지의 수

❻ 1만큼 더 큰 수와 1만큼 더 작은 수(2)

● 1보다 1만큼 더 큰 수와 1만큼 더 작은 수를 알아볼까요?

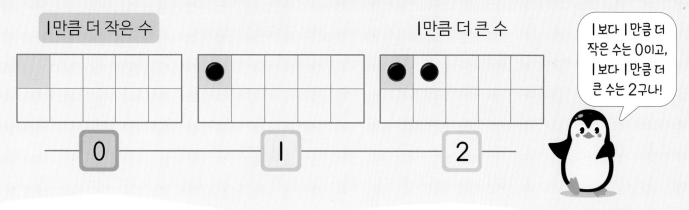

1만큼 더 작은 수   1만큼 더 큰 수

0   1   2

1보다 1만큼 더 작은 수는 0이고, 1보다 1만큼 더 큰 수는 2구나!

1~3 그림의 수보다 1만큼 더 큰 수에 ○표 하세요.

1

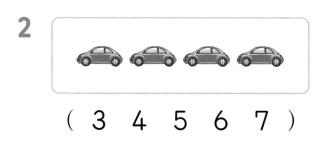

(1   2   3   4   5)

2

(3   4   5   6   7)

3

(5   6   7   8   9)

4~6 그림의 수보다 1만큼 더 작은 수에 ○표 하세요.

4

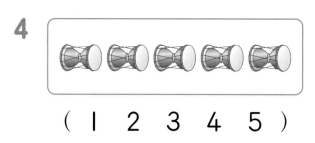

(1   2   3   4   5)

5

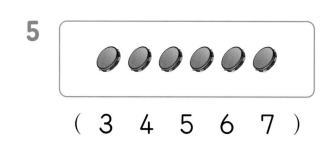

(3   4   5   6   7)

6

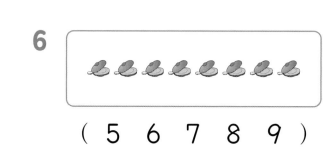

(5   6   7   8   9)

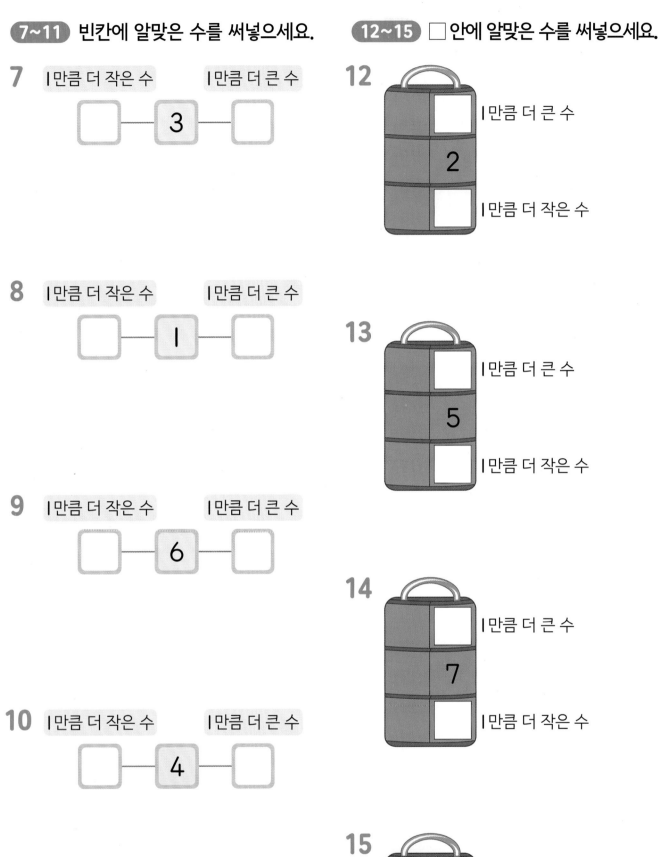

7 1만큼 더 작은 수 □ — 3 — □ 1만큼 더 큰 수

8 1만큼 더 작은 수 □ — 1 — □ 1만큼 더 큰 수

9 1만큼 더 작은 수 □ — 6 — □ 1만큼 더 큰 수

10 1만큼 더 작은 수 □ — 4 — □ 1만큼 더 큰 수

11 1만큼 더 작은 수 □ — 8 — □ 1만큼 더 큰 수

12
- □ 1만큼 더 큰 수
- 2
- □ 1만큼 더 작은 수

13
- □ 1만큼 더 큰 수
- 5
- □ 1만큼 더 작은 수

14
- □ 1만큼 더 큰 수
- 7
- □ 1만큼 더 작은 수

15
- □ 1만큼 더 큰 수
- 3
- □ 1만큼 더 작은 수

16 |보다 |만큼 더 큰 수는 □입니다.

21 4보다 |만큼 더 작은 수는 □입니다.

17 6보다 |만큼 더 큰 수는 □입니다.

22 9보다 |만큼 더 작은 수는 □입니다.

18 □은 0보다 |만큼 더 큰 수입니다.

23 □은 |보다 |만큼 더 작은 수입니다.

19 □는 8보다 |만큼 더 큰 수입니다.

24 □는 6보다 |만큼 더 작은 수입니다.

20 3은 □보다 |만큼 더 큰 수입니다.

25 7은 □보다 |만큼 더 작은 수입니다.

다혜네 집은 5층입니다. 새미는 다혜보다 |층만큼 더 높은 층에 산다면
새미네 집은 몇 층인가요?

다혜네 집의 층수
↓
□보다 |만큼 더 큰 수 ➡ □

따라서 새미네 집은 □층입니다.

 답 □층

도둑 찾기

어느 미술관에 도둑이 들어 가장 비싼 그림을 훔쳐 갔습니다. 사건 단서 ①, ②, ③이 나타내는 수에 해당하는 글자를 사건 단서 해독표 에서 찾아 차례로 쓰면 도둑의 이름을 알 수 있습니다. 명탐정과 함께 주어진 사건 단서를 가지고 도둑의 이름을 알아보세요.

사건 단서 ①
4보다 1만큼 더 큰 수

사건 단서 ②
7보다 1만큼 더 작은 수

사건 단서 ③
1보다 1만큼 더 작은 수

사건 현장에서 단서를 찾아 오른쪽의 사건 단서 해독표 를 이용하여 도둑의 이름을 알아봐.

사건 단서 해독표

0	소	2	최	4	이	6	미	8	비
1	박	3	루	5	김	7	어	9	안

① ② ③

도둑의 이름은 바로 ☐☐☐ 입니다.

⑦ 두 수의 크기 비교

● 7과 4의 크기를 비교해 볼까요?

방법 1 수를 세어 크기 비교하기

- 🛢은 🛢보다 많습니다. ➡ 7은 4보다 큽니다.
- 🛢은 🛢보다 적습니다. ➡ 4는 7보다 작습니다.

방법 2 수의 순서를 이용하여 크기 비교하기

① ② ③ ④ ⑤ ⑥ ⑦ ⑧ ⑨

- 7은 4보다 뒤의 수입니다. ➡ 7은 4보다 큽니다.
- 4는 7보다 앞의 수입니다. ➡ 4는 7보다 작습니다.

1~3 그림을 보고 알맞은 말에 ○표 하세요.

1

- 🐰은 🐻보다 (많습니다 , 적습니다).
- 5는 3보다 (큽니다 , 작습니다).

2

- 🤖은 🦕보다 (많습니다 , 적습니다).
- 2는 6보다 (큽니다 , 작습니다).

3

- 🥣는 ▨보다 (많습니다 , 적습니다).
- 8은 7보다 (큽니다 , 작습니다).

4

2

1

2는 1보다 (큽니다 , 작습니다).

6

9

6

9는 6보다 (큽니다 , 작습니다).

5

5

7

5는 7보다 (큽니다 , 작습니다).

7

8

3

8은 3보다 (큽니다 , 작습니다).

8 6 2   1—2—3—4—5—6—7—8—9

9 5 8   1—2—3—4—5—6—7—8—9

10 7 3   1—2—3—4—5—6—7—8—9

11 9 4   1—2—3—4—5—6—7—8—9

12~16 더 큰 수에 ○표 하세요.　　　　**17~21** 더 작은 수에 △표 하세요.

12　| 1 | 3 |　　　　**17**　| 2 | 5 |

13　| 6 | 4 |　　　　**18**　| 3 | 0 |

14　| 0 | 7 |　　　　**19**　| 6 | 1 |

15　| 8 | 2 |　　　　**20**　| 7 | 9 |

16　| 5 | 9 |　　　　**21**　| 8 | 4 |

동화책을 준서는 2권, 연주는 7권 읽었습니다. 준서와 연주 중에서 동화책을 더 적게 읽은 사람은 누구인가요?

준서가 읽은 동화책 수　　연주가 읽은 동화책 수

☐ 는 ☐ 보다 (큽니다 , 작습니다).

따라서 동화책을 더 적게 읽은 사람은 (준서 , 연주)입니다.　　답 ☐

놀이 기구 찾기

지혜와 선호가 놀이공원에 도착했습니다. 갈림길에서 두 수 중 더 큰 수를 따라가면 선호가 타고 싶은 놀이 기구를 알 수 있습니다. 올바른 길을 따라가 선호가 타고 싶은 놀이 기구를 찾아 ○표 하세요.

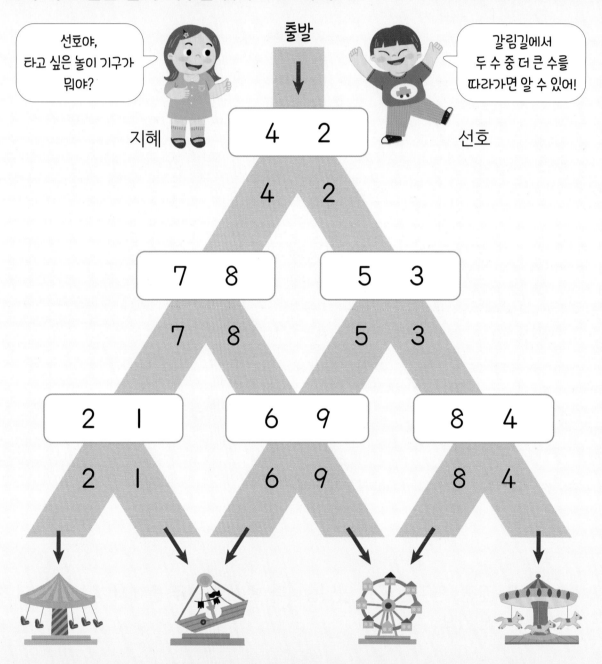

⑧ 세 수의 크기 비교

● 4, 5, 9의 크기를 비교해 볼까요?

방법 1 수를 세어 크기 비교하기

| 4 | ● ● ● ● |

| 5 | ● ● ● ● ● |

| 9 | ● ● ● ● ● / ● ● ● ● |

●이 가장 많은 수는 9이고, 가장 적은 수는 4입니다.
➡ 가장 큰 수는 9이고, 가장 작은 수는 4입니다.

방법 2 수의 순서를 이용하여 크기 비교하기

① ② ③ ④ ⑤ ⑥ ⑦ ⑧ ⑨

• 9가 가장 뒤의 수입니다. ➡ 가장 큰 수는 9입니다.
• 4가 가장 앞의 수입니다. ➡ 가장 작은 수는 4입니다.

1~4 그림을 보고 □ 안에 알맞은 수를 써넣으세요.

1

🪙 🪙 🪙	
🪙 🪙 🪙 🪙	
🪙 🪙	

➡ 가장 큰 수: ☐

3

🪙 🪙 🪙 🪙 🪙	
🪙	
🪙 🪙 🪙 🪙	

➡ 가장 작은 수: ☐

2

🪙 🪙 🪙 🪙 🪙 🪙 🪙	
🪙 🪙	
🪙 🪙 🪙 🪙 🪙 🪙 🪙 🪙	

➡ 가장 큰 수: ☐

4

🪙 🪙 🪙 🪙 🪙 🪙	
🪙 🪙 🪙 🪙 🪙	
🪙 🪙 🪙 🪙 🪙 🪙 🪙 🪙	

➡ 가장 작은 수: ☐

5

| 2 | 4 | 6 |

6

| 3 | 7 | 1 |

7

| 5 | 9 | 2 |

8

| 4 | 3 | 8 |

9

| 6 | 2 | 5 |

10

| 8 | 7 | 9 |

11

| 1 | 3 | 5 |

12

| 4 | 2 | 8 |

13

| 3 | 6 | 9 |

14

| 7 | 8 | 4 |

15

| 8 | 6 | 1 |

16

| 9 | 5 | 7 |

17

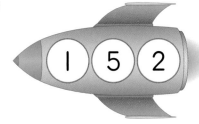

1 5 2

18

6 4 3

19

9 2 7

20

7 3 8

21

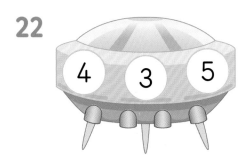

2 6 3

22

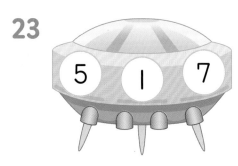

4 3 5

23

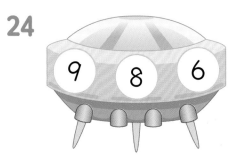

5 1 7

24

9 8 6

바구니에 사과 2개, 배 8개, 감 5개가 있습니다. 사과, 배, 감 중에서 가장 많이 있는 과일은 무엇인가요?

사과 수   배 수   감 수

☐ , ☐ , ☐ 중에서 가장 큰 수는 ☐ 입니다.

따라서 가장 많이 있는 과일은 (사과 , 배 , 감)입니다.

답 ☐

9까지의 수 찾기

l부터 9까지의 수를 모두 찾아 ○표 하세요.

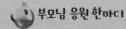

📖 교과서 9까지의 수

마무리 연산

1~4 수를 세어 빈칸에 알맞은 수를 써넣으세요.

1

2

3

4

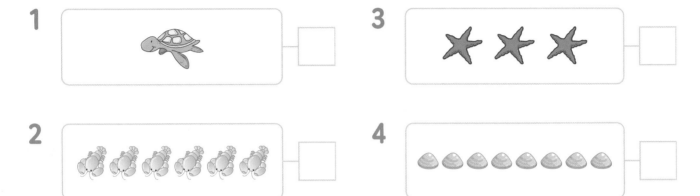

5~8 수를 세어 알맞은 말에 ○표 하세요.

5

(하나 둘 셋 넷 다섯)

7

(여섯 일곱 여덟 아홉)

6

(일 이 삼 사 오)

8

(육 칠 팔 구)

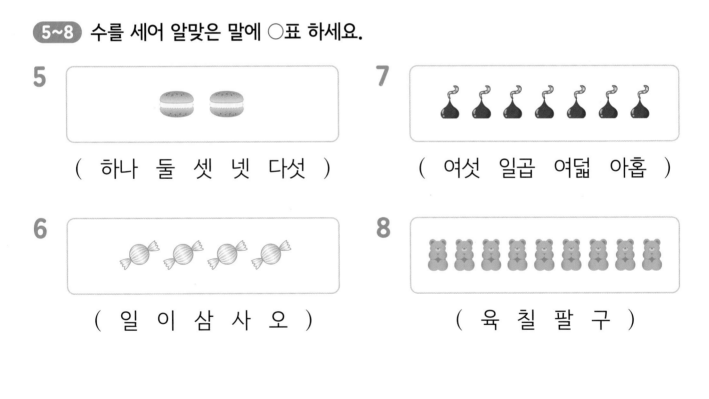

9~10 순서에 맞는 그림을 찾아 ○표 하세요.

9 왼쪽에서 다섯째

10 오른쪽에서 셋째

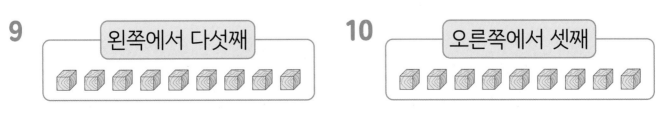

11~12 알맞게 이어 보세요.

11 아래에서 첫째 •

12 위에서 일곱째 •

13~16 순서에 맞게 빈칸에 알맞은 수를 써넣으세요.

13

2 　 4 5 　

15

4 　 6 　

14

7 6 8

16

2 　 4 　

17~18 더 큰 수에 색칠하세요.

17

2 　 7

18

9 　 3

19~20 가장 작은 수에 △표 하세요.

19

3 　 1 　 6

20

5 　 8 　 7

21 그림의 수가 8인 것에 ○표 하세요.

　　　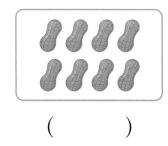　　　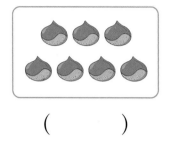

(　　　)　　　(　　　)　　　(　　　)

22 알맞게 이어 보세요.

・　　　　　・ 다섯

・　　　　　・ 넷째

・　　　　　・ 둘째

23 왼쪽의 수보다 l만큼 더 큰 수에 ○표, l만큼 더 작은 수에 △표 하세요.

3 　　 l　4　0　5　2

24 그림을 보고 7보다 큰 수를 모두 찾아 쓰세요.

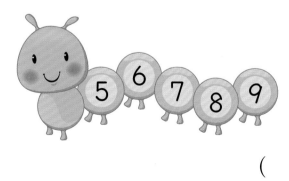

(　　　　　　　)

25 | 수를 잘못 읽은 사람은 누구인가요?

진수   예슬

 답 _____

26 | 영준이네 모둠 9명이 운동장에 한 줄로 서 있습니다. 영준이 앞에 3명이 서 있을 때 영준이는 앞에서 몇째에 서 있나요?

 답 _____

27 | 도경이는 딱지를 5장 가지고 있습니다. 별이는 도경이보다 딱지를 1장 더 적게 가지고 있다면 별이가 가지고 있는 딱지는 몇 장인가요?

 답 _____

28 | 동물원에 기린이 8마리, 사자가 4마리 있습니다. 기린 과 사자 중에서 더 많이 있는 동물은 무엇인가요?

 답 _____

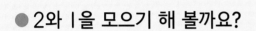 교과서 **덧셈과 뺄셈**

① 9까지의 수 모으기 (1)

● 2와 1을 모으기 해 볼까요?

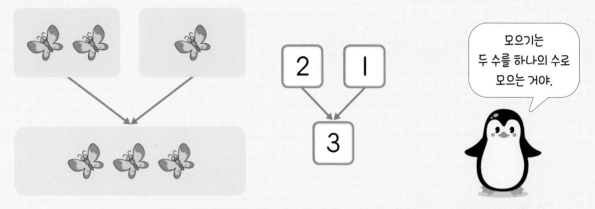

나비 2마리와 1마리를 모으기 하면 3마리가 됩니다. ➡ 2와 1을 모으기 하면 3이 됩니다.

1~4 그림을 보고 모으기를 하세요.

1

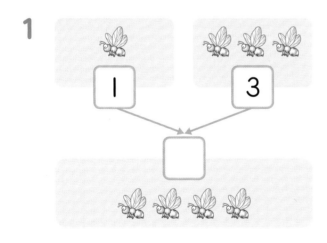

3

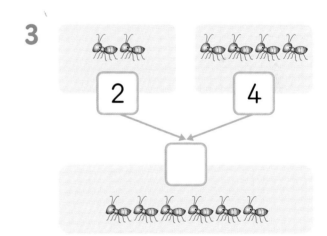

2

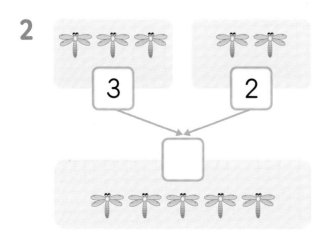

4

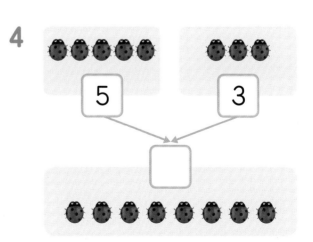

그림을 보고 알맞은 수만큼 ○를 그리고 모으기를 하세요.

5

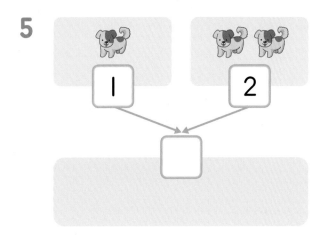

8

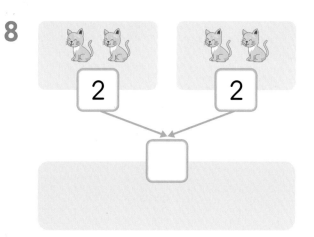

6

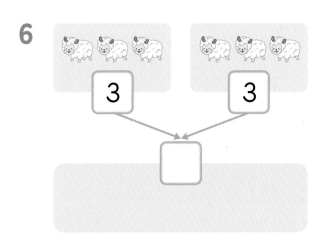

9

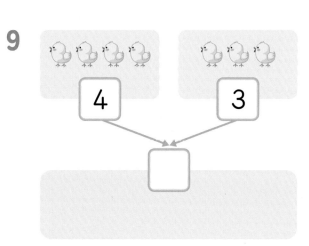

7

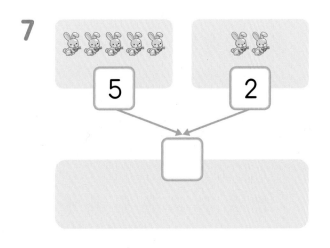

10

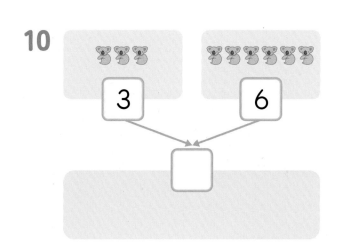

11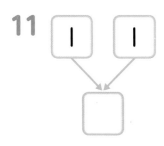

16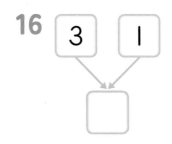

21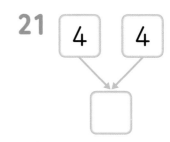

12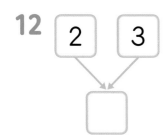

17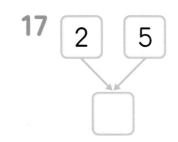

22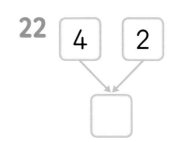

13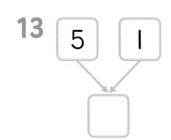

18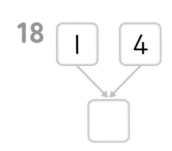

23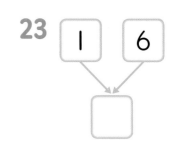

14

19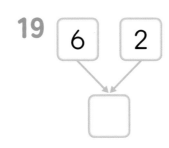

24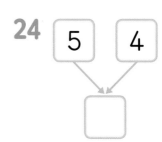

15

20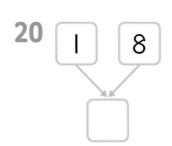

25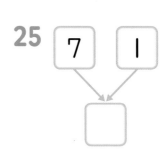

사다리 타기

사다리 타기는 세로선을 따라 아래로 내려가다가 가로선을 만나면 가로로 이동하고, 다시 세로선을 만나면 세로선을 따라 아래로 내려가는 놀이입니다. 수 카드에 적힌 두 수를 모으기 하여 사다리를 타고 내려가면 도착하는 곳에 각각 써넣으세요.

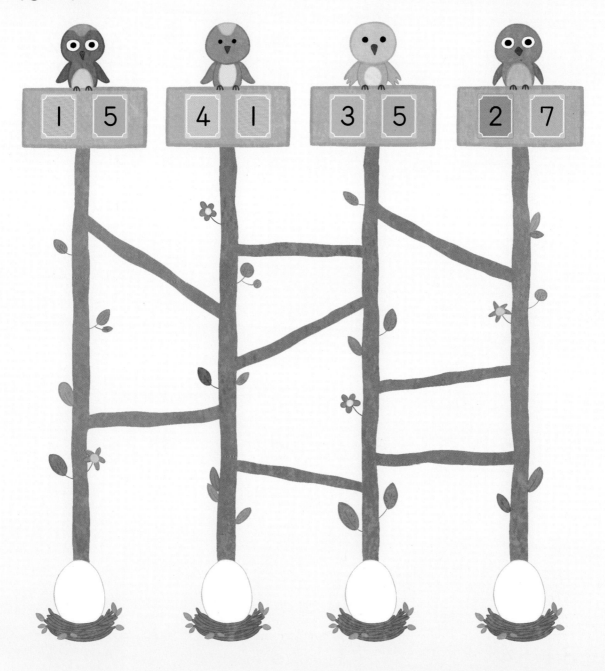

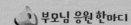

❷ 9까지의 수 모으기(2)

● 1과 3을 모으기 해 볼까요?

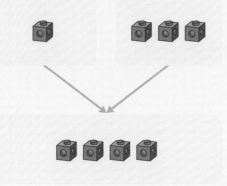

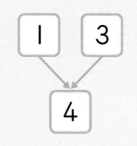

모형 1개와 3개를 모으기 하면
4개가 되니까
1과 3을 모으기 하면
4가 되는구나!

1~4 그림을 보고 모으기를 하세요.

1

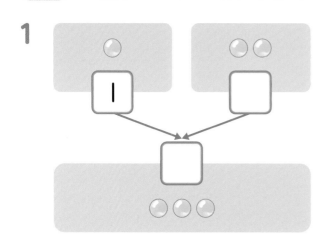

3

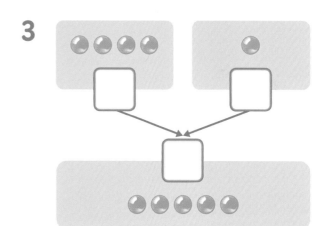

2

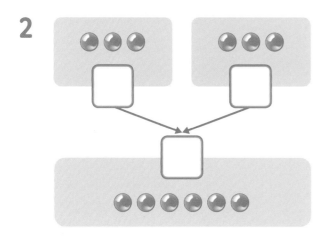

4

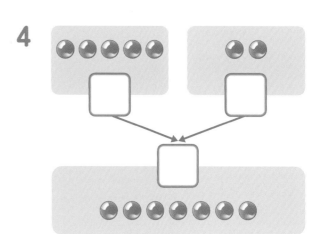

5~19 모으기를 하세요.

5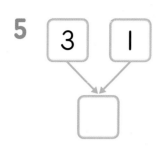

10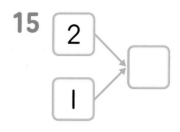

15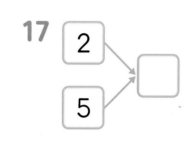

6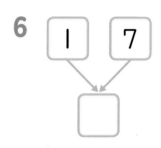

11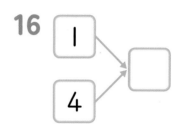

16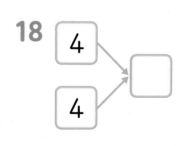

7

2 4

12

2 6

17

2

5

8

8 1

13

1 5

18

4

4

9

4 5

14

3 4

19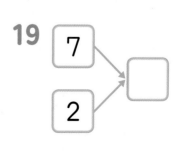

7

2

20~23 두 수를 모으기 하여 빈칸에 알맞은 수를 써넣으세요.

20

└─ 모으기 한 수를 써넣어요.

21

22

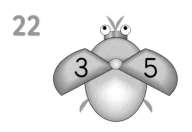

23

24~27 모으기 한 점의 수가 ◯ 안의 수가 되도록 빈칸에 점을 그리세요.

24

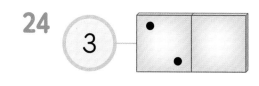

25

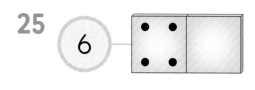

26

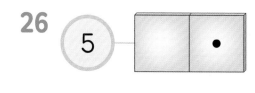

27

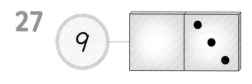

딱지를 수경이가 5장, 희준이가 3장 가지고 있습니다. 수경이와 희준이가 가지고 있는 딱지는 모두 몇 장인가요?

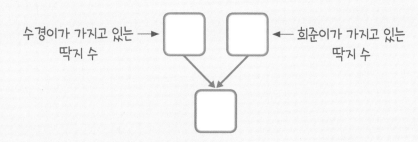

수경이가 가지고 있는 ──→ ☐   ☐ ←── 희준이가 가지고 있는
딱지 수   딱지 수

↓

☐

따라서 수경이와 희준이가 가지고 있는 딱지는 모두 ☐ 장입니다.   답 ☐ 장

포도나무

이웃한 포도알에 적힌 두 수를 모으기 하여 빈칸에 알맞은 수를 써넣으세요.

 교과서 **덧셈과 뺄셈**

❸ 9까지의 수 가르기(1)

● 3을 두 수로 가르기 해 볼까요?

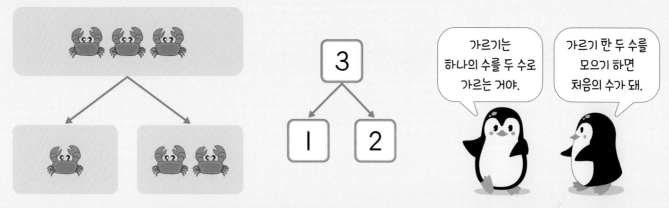

> 가르기는 하나의 수를 두 수로 가르는 거야.

> 가르기 한 두 수를 모으기 하면 처음의 수가 돼.

꽃게 3마리는 1마리와 2마리로 가르기 할 수 있습니다. ➡ 3은 1과 2로 가르기 할 수 있습니다.

1~4 그림을 보고 가르기를 하세요.

1
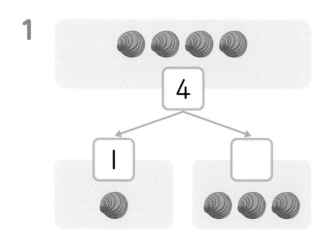

3
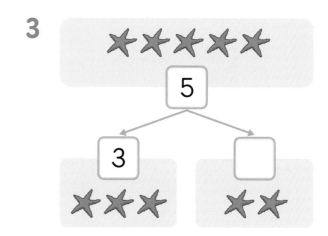

2
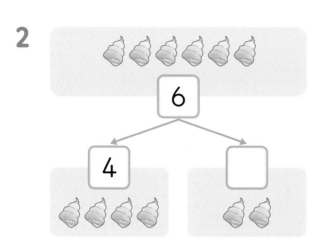

4
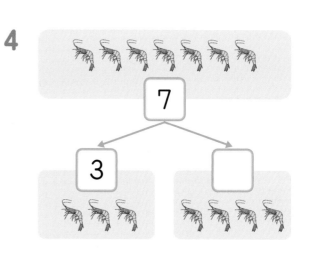

그림을 보고 알맞은 수만큼 ○를 그리고 가르기를 하세요.

5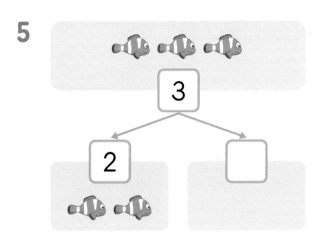

8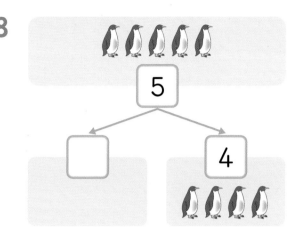

6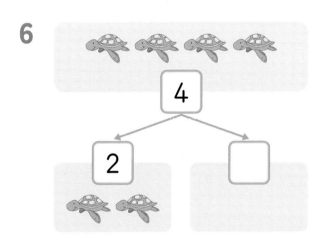

9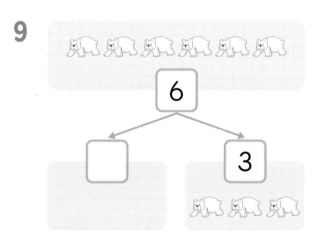

7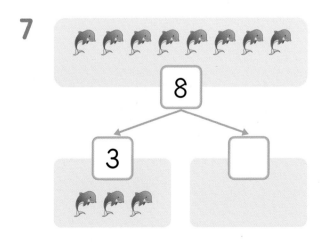

10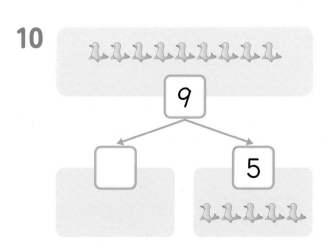

11
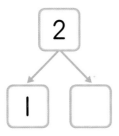

12
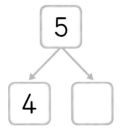

13
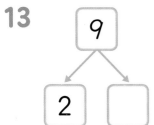

14
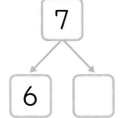

15
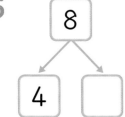

16
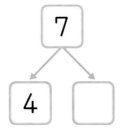

17
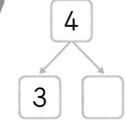

18
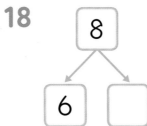

19
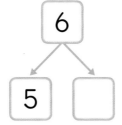

20
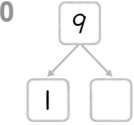

21
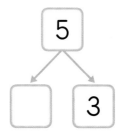

22
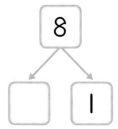

23
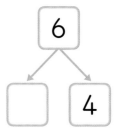

24
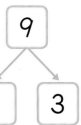

25
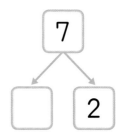

비밀번호 찾기

지애는 컴퓨터 비밀번호를 잊어버렸습니다. 컴퓨터 비밀번호는 가르기를 하여 ㉠, ㉡, ㉢에 알맞은 수를 차례로 이어 붙여 쓴 것입니다. 컴퓨터 비밀번호를 알아보세요.

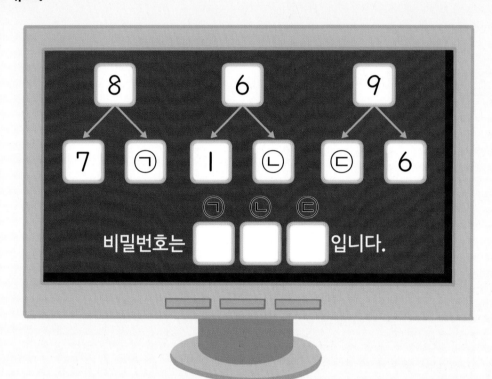

컴퓨터 비밀번호가 생각나지 않아.

걱정하지 마! 가르기를 해서 ㉠, ㉡, ㉢에 알맞은 수를 구하면 비밀번호를 알 수 있어!

지애

❹ 9까지의 수 가르기 (2)

● 4를 두 수로 가르기 해 볼까요?

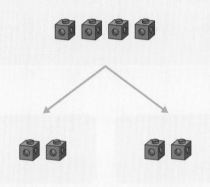

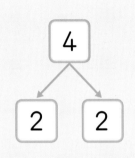

모형 4개는 2개와 2개로 가르기 할 수 있으니까 4는 2와 2로 가르기 할 수 있어!

1~4 그림을 보고 가르기를 하세요.

1

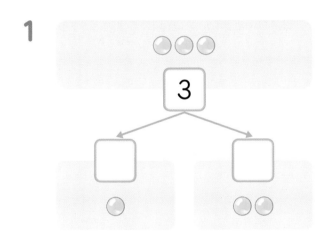

3

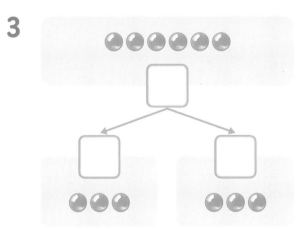

2

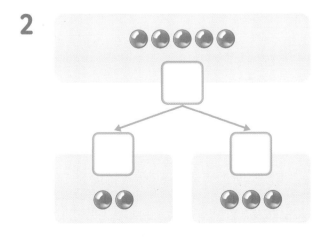

4

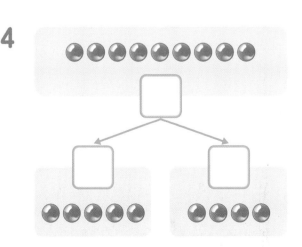

5~19 가르기를 하세요.

5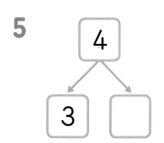

10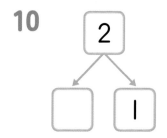

15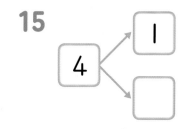

6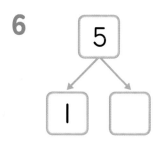

11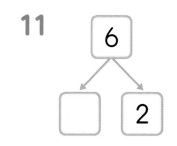

16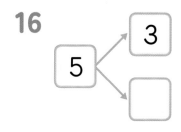

7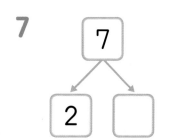

12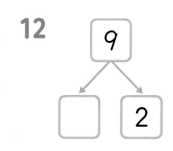

17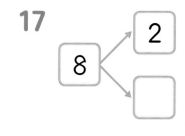

8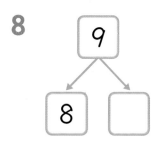

13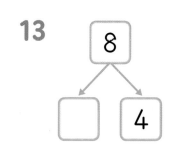

18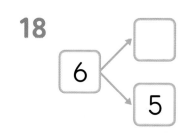

9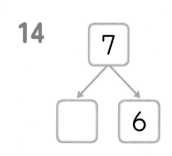

14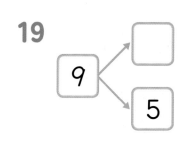

19

20~23  안의 수를 두 수로 가르기 하여 빈칸에 알맞은 수를 써넣으세요.

24~27 주어진 개수만큼 차이가 나도록 토마토를 묶어 보세요.

20

21

22

23

24

25

26

27

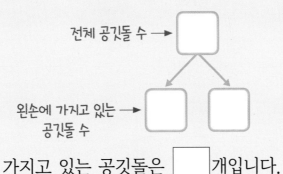

지윤이는 공깃돌 7개를 두 손에 나누어 가지고 있습니다. 왼손에 5개를 가지고 있다면 오른손에 가지고 있는 공깃돌은 몇 개인가요?

전체 공깃돌 수 → ☐

왼손에 가지고 있는 → ☐   ☐
공깃돌 수

따라서 오른손에 가지고 있는 공깃돌은 ☐ 개입니다.

답 ☐ 개

개미 나라

개미집에 있는 개미 수를 두 수로 가르기 하여 빈 곳에 알맞은 수를 써넣으세요.

3주 **4**일

❺ 덧셈식을 쓰고 읽기

● 덧셈식을 알아볼까요?

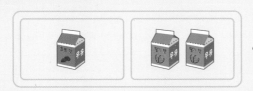

쓰기 1+2=3   **읽기** ┌ 1 더하기 2는 3과 같습니다.
                          └ 1과 2의 합은 3입니다.

더하기는 ＋로,
같습니다는 ＝로
나타내.

1~4 그림에 알맞은 덧셈식을 쓰고 읽어 보세요.

요구르트 3개가 있었는데
2개를 더 가져오면 5개가 돼.

1

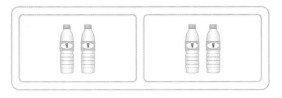

2+2=☐

┌ 2 더하기 2는 ☐ 와 같습니다.
└ 2와 2의 합은 ☐ 입니다.

3

3+2=☐

┌ 3 더하기 2는 ☐ 와 같습니다.
└ 3과 2의 합은 ☐ 입니다.

2

3+4=☐

┌ 3 더하기 4는 ☐ 과 같습니다.
└ 3과 4의 합은 ☐ 입니다.

4

1+5=☐

┌ 1 더하기 5는 ☐ 과 같습니다.
└ 1과 5의 합은 ☐ 입니다.

5

$1 + \boxed{} = \boxed{}$

1 더하기 $\boxed{}$ 은 $\boxed{}$ 와 같습니다.

9

$2 + \boxed{} = \boxed{}$

2 더하기 $\boxed{}$ 은 $\boxed{}$ 과 같습니다.

6

$4 + \boxed{} = \boxed{}$

4 더하기 $\boxed{}$ 는 $\boxed{}$ 과 같습니다.

10

$6 + \boxed{} = \boxed{}$

6 더하기 $\boxed{}$ 는 $\boxed{}$ 과 같습니다.

7

$2 + \boxed{} = \boxed{}$

2와 $\boxed{}$ 의 합은 $\boxed{}$ 입니다.

11

$1 + \boxed{} = \boxed{}$

1과 $\boxed{}$ 의 합은 $\boxed{}$ 입니다.

8

$7 + \boxed{} = \boxed{}$

7과 $\boxed{}$ 의 합은 $\boxed{}$ 입니다.

12

$4 + \boxed{} = \boxed{}$

4와 $\boxed{}$ 의 합은 $\boxed{}$ 입니다.

덧셈식으로 나타내 보세요.

13
> 4 더하기 1은 5와 같습니다.

☐ + ☐ = ☐

16
> 1과 1의 합은 2입니다.

☐ + ☐ = ☐

14
> 3 더하기 3은 6과 같습니다.

☐ + ☐ = ☐

17
> 3과 5의 합은 8입니다.

☐ + ☐ = ☐

15
> 2 더하기 7은 9와 같습니다.

☐ + ☐ = ☐

18
> 6과 1의 합은 7입니다.

☐ + ☐ = ☐

그림에 알맞은 덧셈식을 쓰고 읽어 보세요.

어항에 물고기가 ☐ 마리 있었는데 ☐ 마리를 더 넣으면 모두 ☐ 마리가 됩니다.

답 (쓰기)
....

(읽기)
....

미로 찾기

꿀이와 친구들이 여왕벌을 찾아가려고 합니다. 여왕벌이 있는 곳까지 가는 길을 찾아 선으로 이어 보세요.

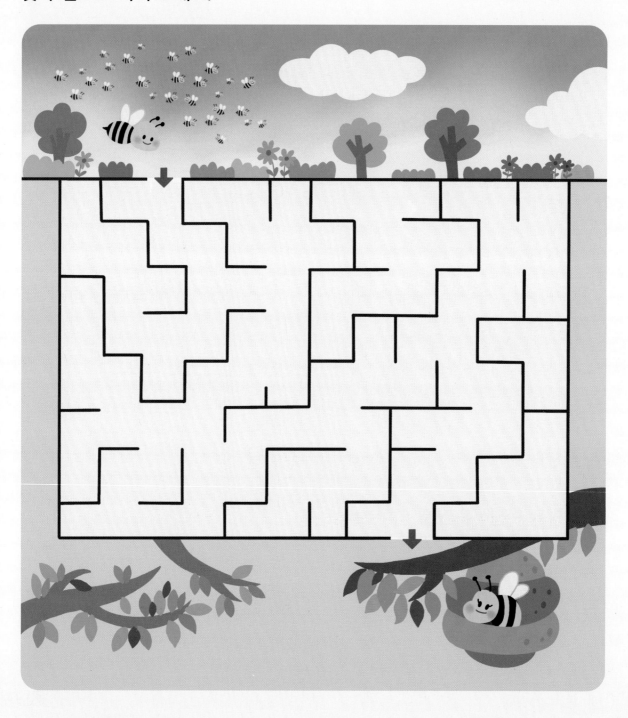

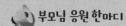

⑥ 합이 9까지인 수의 덧셈(1)

● 3+4를 계산해 볼까요?

방법1 ○를 그려 덧셈하기
🍬의 수만큼 ○를 3개 그리고 이어서 🍬의 수만큼 ○를 4개 더 그리면 ○는 모두 7개입니다.

○	○	○	○	○
○	○			

방법2 모으기를 이용하여 덧셈하기
🍬의 수 3과 🍬의 수 4를 모으기 하면 7이 됩니다.

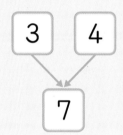

➡ 3+4=7

1~3 그림의 수만큼 ○를 그려 덧셈을 하세요.

1

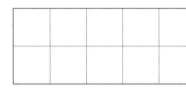

2+1=☐

2

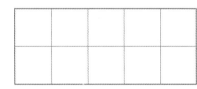

3+2=☐

3

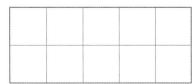

6+3=☐

4~6 그림의 수만큼 ○를 그려 덧셈을 하세요.

7~9 그림을 보고 모으기를 이용하여 덧셈을 하세요.

4

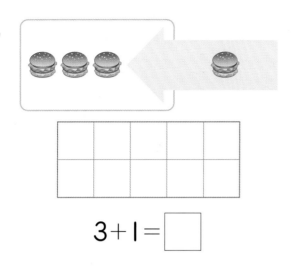

$$3+1=\boxed{}$$

7

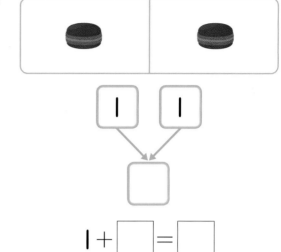

$$1+\boxed{}=\boxed{}$$

5

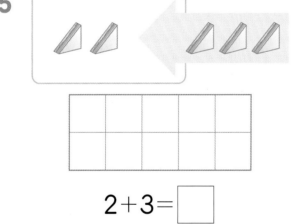

$$2+3=\boxed{}$$

8

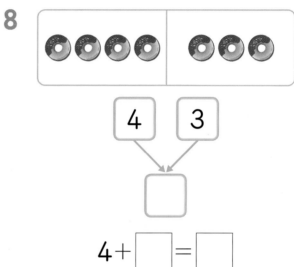

$$4+\boxed{}=\boxed{}$$

6

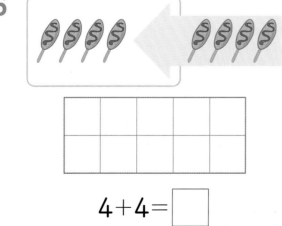

$$4+4=\boxed{}$$

9

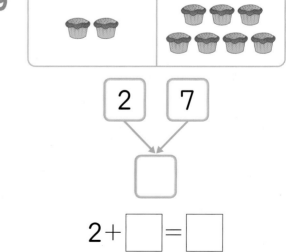

$$2+\boxed{}=\boxed{}$$

10 1+2=☐

17 3+3=☐

24 5+1=☐

11 1+3=☐

18 1+4=☐

25 6+2=☐

12 3+5=☐

19 6+1=☐

26 7+2=☐

13 4+2=☐

20 4+5=☐

27 5+3=☐

14 2+5=☐

21 1+7=☐

28 2+4=☐

15 3+6=☐

22 2+2=☐

29 4+1=☐

16 7+1=☐

23 8+1=☐

30 5+2=☐

낚시하는 고양이

고양이 친구들이 낚시를 하고 있습니다. 관계있는 것끼리 선으로 이어 보세요.

1+5
2+6
4+1
5+4

6
5
8
9

📖 교과서 덧셈과 뺄셈

❼ 합이 9까지인 수의 덧셈(2)

● 2+3을 계산해 볼까요?

방법1 ○를 그려 덧셈하기

○를 2개 그리고 이어서 ○를 3개 더 그려.

방법2 모으기를 이용하여 덧셈하기

| 2 | 3 |

2와 3을 모으기 하면 5가 돼.

5

➡ 2+3=5

1~3 식에 알맞게 ○를 그려 덧셈을 하세요.

1 1+2=☐

2 3+3=☐

3 5+4=☐

4~6 모으기를 이용하여 덧셈을 하세요.

4
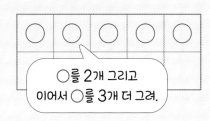
2+2=☐

5
| 1 | 7 |

1+7=☐

6
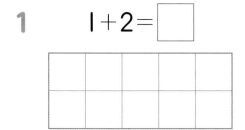
3+6=☐

7 $1+1=\boxed{}$

14 $5+1=\boxed{}$

21 $2+4=\boxed{}$

8 $2+1=\boxed{}$

15 $3+2=\boxed{}$

22 $3+5=\boxed{}$

9 $4+3=\boxed{}$

16 $4+4=\boxed{}$

23 $6+1=\boxed{}$

10 $1+5=\boxed{}$

17 $2+7=\boxed{}$

24 $1+8=\boxed{}$

11 $2+6=\boxed{}$

18 $5+2=\boxed{}$

25 $4+2=\boxed{}$

12 $3+1=\boxed{}$

19 $8+1=\boxed{}$

26 $1+6=\boxed{}$

13 $2+5=\boxed{}$

20 $5+3=\boxed{}$

27 $4+5=\boxed{}$

28

1 →(+3)→ □

29

4 →(+1)→ □

30

3 →(+4)→ □

31

7 →(+2)→ □

32

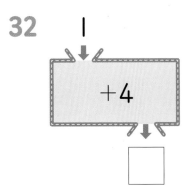

1 → +4 → □

33

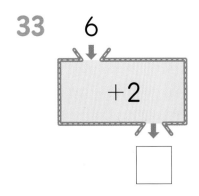

6 → +2 → □

34

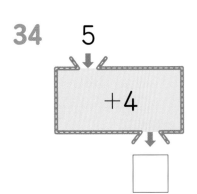

5 → +4 → □

 연산

효정이네 모둠은 남학생이 6명, 여학생이 3명입니다. 효정이네 모둠은 모두 몇 명인가요?

남학생 수: □ 명, 여학생 수: □ 명

(효정이네 모둠의 학생 수)=(남학생 수)+(여학생 수)

= □ + □ = □ (명)   답 □ 명

가방 찾기

소풍날, 현경이와 친구들은 보관함에 가방을 넣었습니다. 가방에는 나중에 찾기 쉽도록 번호표를 붙였습니다. 가방에 붙인 번호표의 수는 현경이와 친구들이 말한 덧셈의 계산 결과입니다. 현경이와 친구들의 가방을 찾아 □ 안에 알맞은 기호를 써넣으세요.

보관함

ㄱ   ㄴ   ㄷ   ㄹ

내 가방에 붙인 수는 1+4를 계산한 결과야.

비슷한 색깔 가방이 하나 더 있네. 내 가방에 붙인 수는 2+2를 계산하면 알 수 있어.

나는 2+5를 계산한 값을 찾으면 가방에 붙인 수를 알 수 있어.

현경   승현   현지

📖 교과서 **덧셈과 뺄셈**

⑧ 뺄셈식을 쓰고 읽기

● 뺄셈식을 알아볼까요?

쓰기 5−2=3   **읽기**
- 5 빼기 2는 3과 같습니다.
- 5와 2의 차는 3입니다.

빼기는 ─로, 같습니다는 ＝로 나타내.

1~4 그림에 알맞은 뺄셈식을 쓰고 읽어 보세요.

책상 6개와 의자 3개를 하나씩 짝 지으면 책상이 3개 더 많아.

1

3−1=☐

- 3 빼기 1은 ☐와 같습니다.
- 3과 1의 차는 ☐입니다.

3

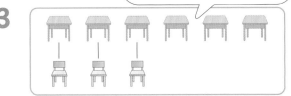

6−3=☐

- 6 빼기 3은 ☐과 같습니다.
- 6과 3의 차는 ☐입니다.

2

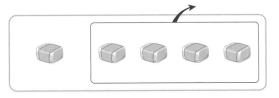

5−4=☐

- 5 빼기 4는 ☐과 같습다.
- 5와 4의 차는 ☐입니다.

4

7−2=☐

- 7 빼기 2는 ☐와 같습니다.
- 7과 2의 차는 ☐입니다.

5

$3 - \boxed{} = \boxed{}$

3 빼기 $\boxed{}$ 는 $\boxed{}$ 과 같습니다.

6

$7 - \boxed{} = \boxed{}$

7 빼기 $\boxed{}$ 는 $\boxed{}$ 와 같습니다.

7

$4 - \boxed{} = \boxed{}$

4와 $\boxed{}$ 의 차는 $\boxed{}$ 입니다.

8

$8 - \boxed{} = \boxed{}$

8과 $\boxed{}$ 의 차는 $\boxed{}$ 입니다.

9

$2 - \boxed{} = \boxed{}$

2 빼기 $\boxed{}$ 은 $\boxed{}$ 과 같습니다.

10

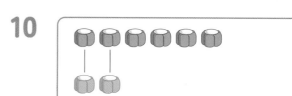

$6 - \boxed{} = \boxed{}$

6 빼기 $\boxed{}$ 는 $\boxed{}$ 와 같습니다.

11

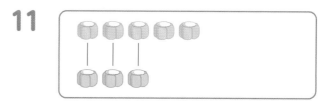

$5 - \boxed{} = \boxed{}$

5와 $\boxed{}$ 의 차는 $\boxed{}$ 입니다.

12

$9 - \boxed{} = \boxed{}$

9와 $\boxed{}$ 의 차는 $\boxed{}$ 입니다.

뺄셈식으로 나타내 보세요.

13

5 빼기 1은 4와 같습니다.

☐ − ☐ = ☐

16

6과 4의 차는 2입니다.

☐ − ☐ = ☐

14

6 빼기 5는 1과 같습니다.

☐ − ☐ = ☐

17

7과 3의 차는 4입니다.

☐ − ☐ = ☐

15

9 빼기 3은 6과 같습니다.

☐ − ☐ = ☐

18

8과 2의 차는 6입니다.

☐ − ☐ = ☐

연산⁺

그림에 알맞은 뺄셈식을 쓰고 읽어 보세요.

닭이 ☐마리, 병아리가 ☐마리이므로 닭은 병아리보다 ☐마리 더 많습니다.

답 쓰기

_____

읽기

_____

공을 넣은 친구 찾기

세 명의 친구가 골대를 향해 축구공을 찼습니다. 골대에 공을 넣은 친구를 찾아
○표 하세요.

❾ 한 자리 수의 뺄셈(1)

● 4-1을 계산해 볼까요?

방법1 / 로 지워 뺄셈하기

처음 🎃의 수만큼 ○를 4개 그리고 덜어낸 수만큼 / 로 지우면 ○는 3개 남습니다.

방법2 가르기를 이용하여 뺄셈하기

처음 🎃의 수 4는 덜어낸 수 1과 남은 수 3으로 가르기 할 수 있습니다.

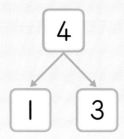

➡ 4-1=3

1~3 그림에 알맞게 ○를 / 로 지워 뺄셈을 하세요.

1

 3-2=☐

2

○ ○ ○ ○ ○ 5-3=☐

3

○ ○ ○ ○ ○ ○ ○ 7-4=☐

식에 알맞게 그림을 하나씩 연결하여 뺄셈을 하세요.

그림을 보고 가르기를 이용하여 뺄셈을 하세요.

4 $4-2=\boxed{}$

5 $5-1=\boxed{}$

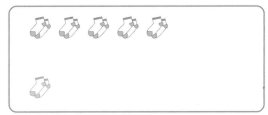

6 $7-2=\boxed{}$

7 $8-5=\boxed{}$

8

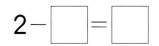

$$2$$

$$\boxed{1} \quad \boxed{}$$

$2-\boxed{}=\boxed{}$

9

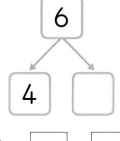

$$6$$

$$\boxed{4} \quad \boxed{}$$

$6-\boxed{}=\boxed{}$

10

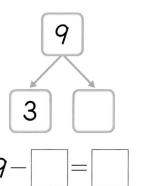

$$9$$

$$\boxed{3} \quad \boxed{}$$

$9-\boxed{}=\boxed{}$

11~31 뺄셈을 하세요.

11 3-1=☐

12 5-2=☐

13 4-3=☐

14 6-2=☐

15 8-1=☐

16 7-3=☐

17 9-7=☐

18 5-4=☐

19 6-3=☐

20 9-2=☐

21 8-6=☐

22 7-1=☐

23 9-1=☐

24 8-2=☐

25 7-5=☐

26 9-4=☐

27 8-3=☐

28 7-6=☐

29 8-4=☐

30 6-5=☐

31 9-6=☐

우주선 타기

외계인이 우주선을 타려고 합니다. 관계있는 것끼리 선으로 이어 보세요.

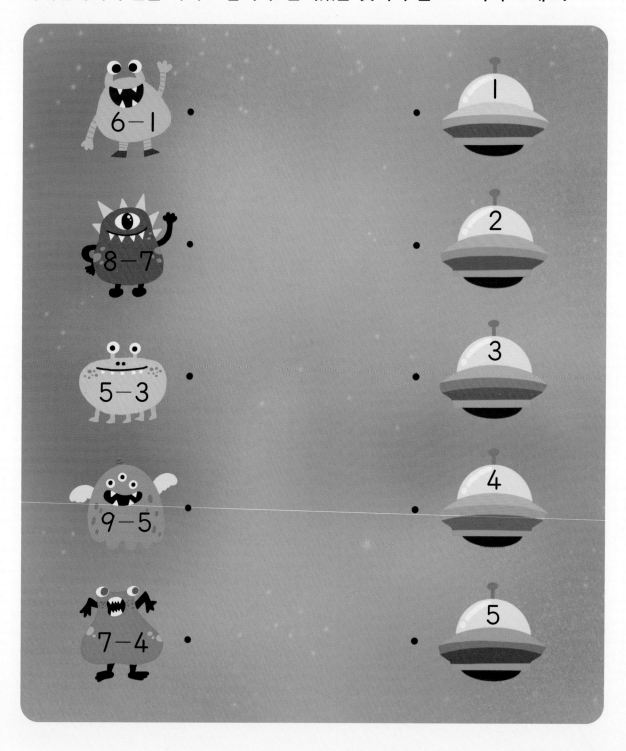

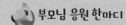

⑩ 한 자리 수의 뺄셈(2)

● 5−2를 계산해 볼까요?

방법1 /로 지워 뺄셈하기

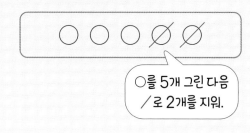

○를 5개 그린 다음 /로 2개를 지워.

방법2 가르기를 이용하여 뺄셈하기

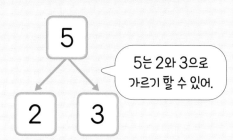

5는 2와 3으로 가르기 할 수 있어.

➡ 5−2=3

1~4 식에 알맞게 /로 지우거나 하나씩 연결하여 뺄셈을 하세요.

1 3−1=□

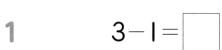

2 7−3=□

3 5−1=□

4 8−6=□

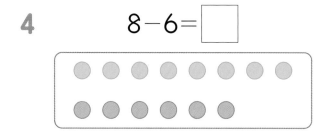

5~7 가르기를 이용하여 뺄셈을 하세요.

5

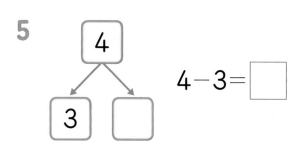

4−3=□

6

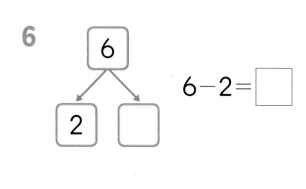

6−2=□

7

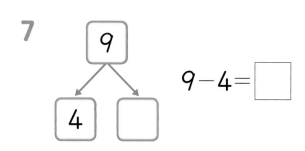

9−4=□

8 2−1=☐

15 6−3=☐

22 8−5=☐

9 5−4=☐

16 3−2=☐

23 6−1=☐

10 7−2=☐

17 8−1=☐

24 9−7=☐

11 6−4=☐

18 7−4=☐

25 4−2=☐

12 4−1=☐

19 6−5=☐

26 8−7=☐

13 8−2=☐

20 9−3=☐

27 7−5=☐

14 9−6=☐

21 8−4=☐

28 9−1=☐

29
| 3 | −1 | |

30
| 5 | −3 | |

31
| 7 | −1 | |

32
| 9 | −5 | |

33
7 → −6 → □

34
4 → −1 → □

35
9 → −8 → □

36
8 → −3 → □

딸기가 9개 있었는데 그중에서 2개를 민주가 먹었습니다. 남은 딸기는 몇 개인가요?

처음에 있던 딸기 수: □ 개, 민주가 먹은 딸기 수: □ 개

(남은 딸기 수)=(처음에 있던 딸기 수)−(민주가 먹은 딸기 수)

= □ − □ = □ (개)   답 □ 개

강아지 찾기

수호가 강아지를 잃어버렸습니다. 갈림길 문제의 답을 따라가면 수호의 강아지를 찾을 수 있습니다. 올바른 길을 따라가 수호의 강아지를 찾아 ○표 하세요.

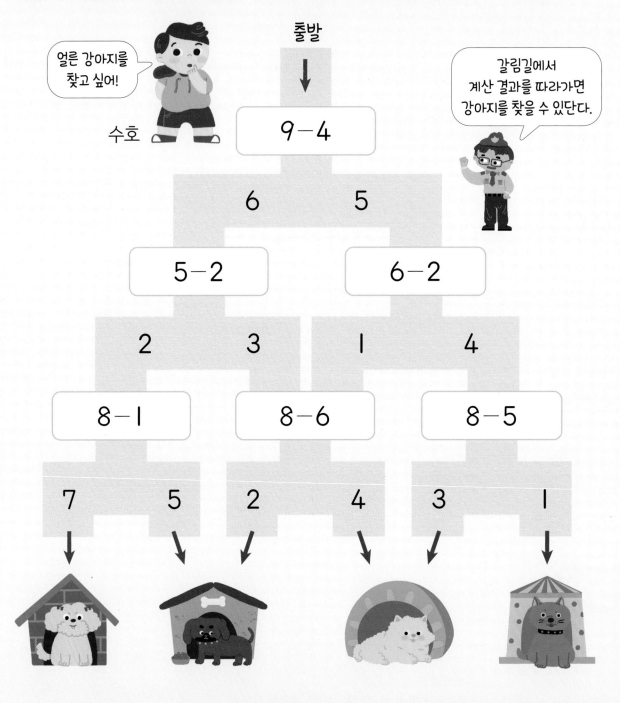

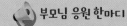

공부한 날 ___월 ___일

4주 5일

⑪ 0이 있는 덧셈과 뺄셈

● 0이 있는 덧셈과 뺄셈을 해 볼까요?

(1) 0이 있는 덧셈

• 0에 어떤 수를 더하면 어떤 수입니다.

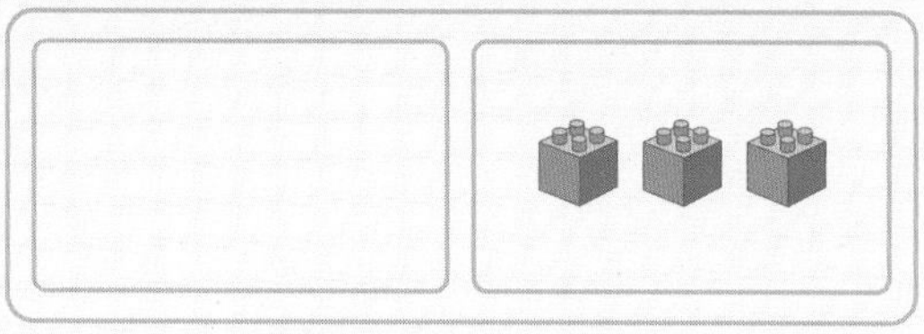

➡ 0+3=3

• 어떤 수에 0을 더하면 어떤 수입니다.

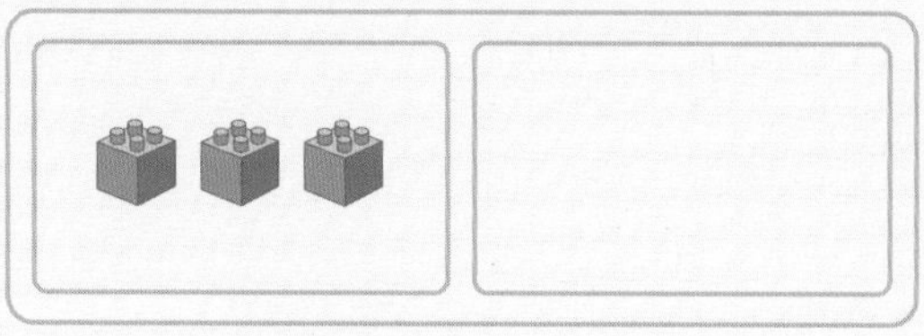

➡ 3+0=3

(2) 0이 있는 뺄셈

• 어떤 수에서 0을 빼면 어떤 수입니다.

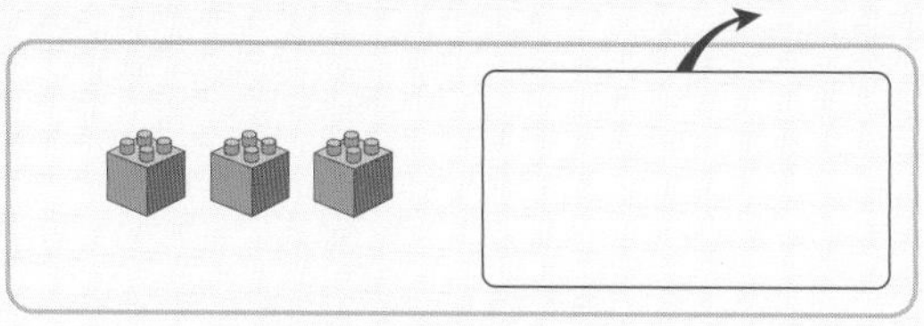

➡ 3−0=3

• 어떤 수에서 그 수 전체를 빼면 0입니다.

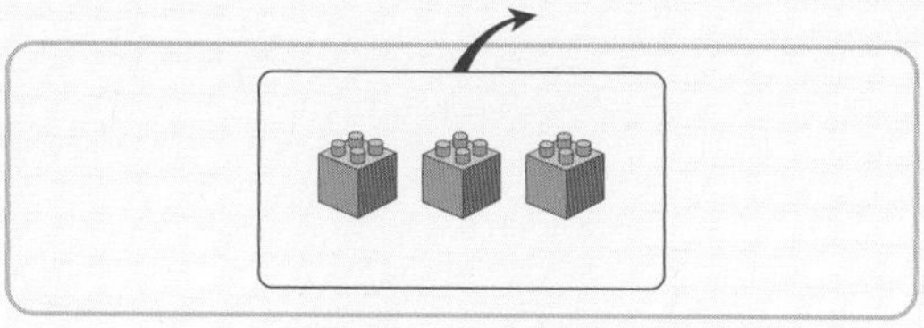

➡ 3−3=0

1~2 그림을 보고 덧셈을 하세요.

1

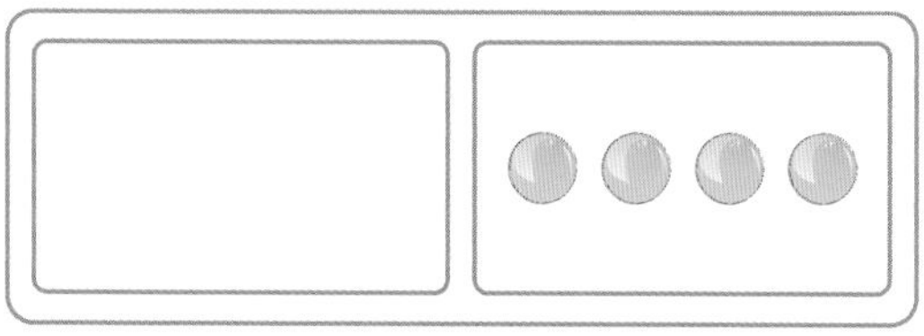

0+4=□

2

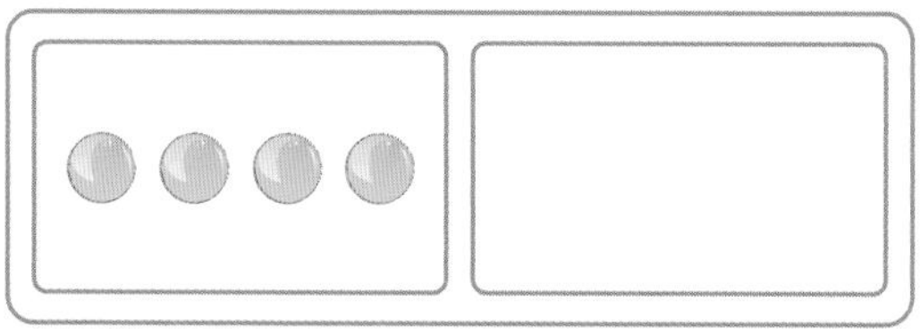

4+0=□

3~4 그림을 보고 뺄셈을 하세요.

3

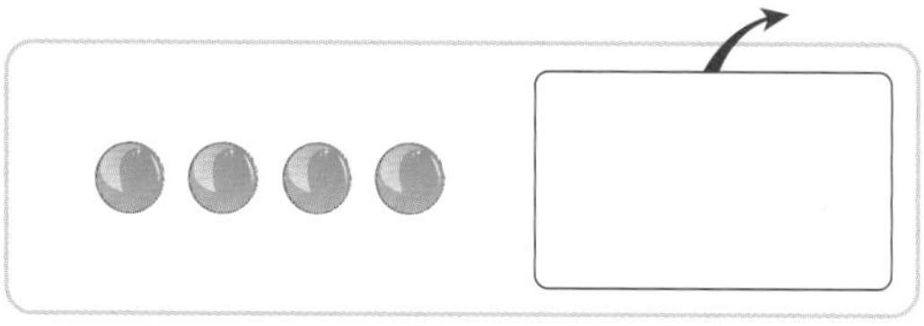

4−0=□

4

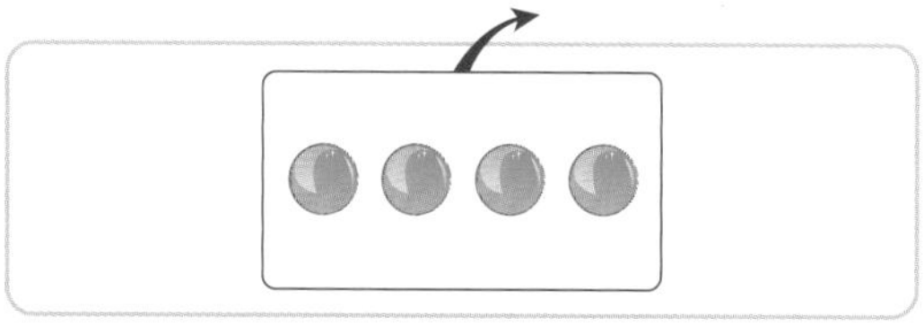

4−4=□

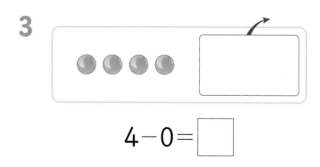

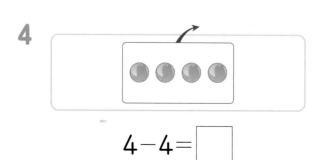

5 $0+1=\boxed{}$, $1+0=\boxed{}$

6 $0+3=\boxed{}$, $3+0=\boxed{}$

7 $0+6=\boxed{}$, $6+0=\boxed{}$

8 $0+9=\boxed{}$, $9+0=\boxed{}$

9 $0+5=\boxed{}$, $5+0=\boxed{}$

10 $0+2=\boxed{}$, $2+0=\boxed{}$

11 $0+7=\boxed{}$, $7+0=\boxed{}$

12 $2-0=\boxed{}$, $2-2=\boxed{}$

13 $5-0=\boxed{}$, $5-5=\boxed{}$

14 $4-0=\boxed{}$, $4-4=\boxed{}$

15 $7-0=\boxed{}$, $7-7=\boxed{}$

16 $8-0=\boxed{}$, $8-8=\boxed{}$

17 $6-0=\boxed{}$, $6-6=\boxed{}$

18 $9-0=\boxed{}$, $9-9=\boxed{}$

19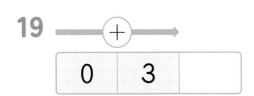

20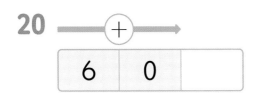

21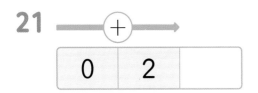

22

23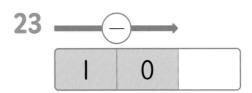

24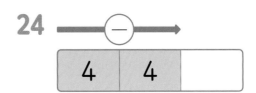

25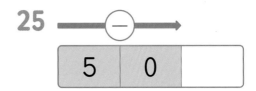

26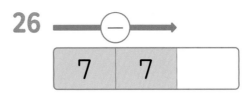

선우는 어제 줄넘기를 9번 했고, 오늘은 줄넘기를 하지 않았습니다. 선우가 어제와 오늘 한 줄넘기는 모두 몇 번인가요?

어제 한 줄넘기 횟수: ☐ 번, 오늘 한 줄넘기 횟수: ☐ 번

(선우가 어제와 오늘 한 줄넘기 횟수)=(어제 한 줄넘기 횟수)+(오늘 한 줄넘기 횟수)

= ☐ + ☐ = ☐ (번)

답 ☐ 번

색칠 공부

덧셈과 뺄셈을 하여 계산 결과가 나타내는 색으로 그림을 색칠하세요.

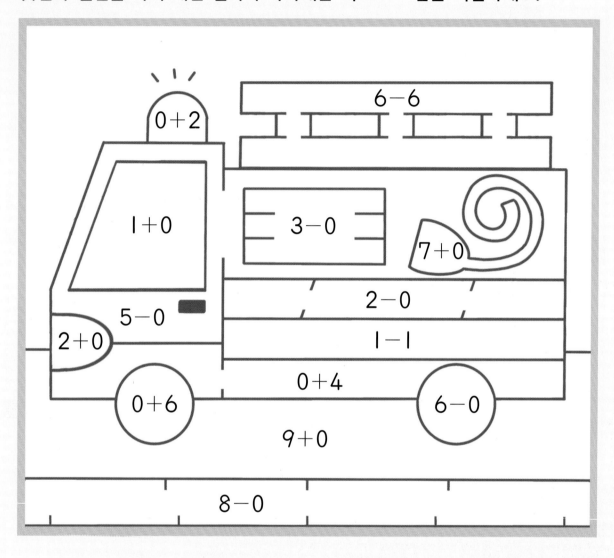

| 6−6 |
| 0+2 |
| 1+0 |
| 3−0 |
| 7+0 |
| 5−0 |
| 2+0 |
| 2−0 |
| 1−1 |
| 0+4 |
| 0+6 |
| 6−0 |
| 9+0 |
| 8−0 |

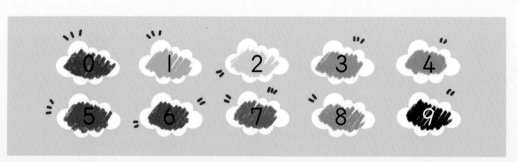

 교과서 **덧셈과 뺄셈**

⑫ 세 수로 덧셈식과 뺄셈식 만들기

● 2, 3, 5로 덧셈식과 뺄셈식을 만들어 볼까요?

(1) 덧셈식 만들기

2와 3 또는 3과 2를 모으기 하면 5가 됩니다.

➡ 2+3=5 또는 3+2=5

> 덧셈식은 =의 왼쪽 두 수보다 =의 오른쪽 수가 더 커.

(2) 뺄셈식 만들기

5는 2와 3 또는 3과 2로 가르기 할 수 있습니다.

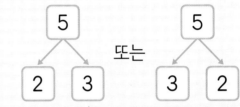

➡ 5-2=3 또는 5-3=2

> 뺄셈식은 가장 왼쪽의 수보다 =의 오른쪽 수가 더 작아.

1~2 세 수를 모두 이용하여 덧셈식을 2개 만들어 보세요.

1

| l | 2 | 3 |

l + ☐ = ☐

2 + ☐ = ☐

2

| 2 | 7 | 5 |

2 + ☐ = ☐

5 + ☐ = ☐

3~4 세 수를 모두 이용하여 뺄셈식을 2개 만들어 보세요.

3

| l | 4 | 5 |

☐ - l = ☐

☐ - 4 = ☐

4

| 4 | 9 | 5 |

☐ - 4 = ☐

☐ - 5 = ☐

5~8 세 수를 모두 이용하여 덧셈식을 2개 만들어 보세요.

5

☐ + ☐ = ☐

☐ + ☐ = ☐

6

☐ + ☐ = ☐

☐ + ☐ = ☐

7 6 5 1

☐ + ☐ = ☐

☐ + ☐ = ☐

8

☐ + ☐ = ☐

☐ + ☐ = ☐

9~12 세 수를 모두 이용하여 뺄셈식을 2개 만들어 보세요.

9

☐ – ☐ = ☐

☐ – ☐ = ☐

10

☐ – ☐ = ☐

☐ – ☐ = ☐

11

☐ – ☐ = ☐

☐ – ☐ = ☐

12

☐ – ☐ = ☐

☐ – ☐ = ☐

13~18 세 수를 모두 이용하여 덧셈식과 뺄셈식을 만들어 보세요.

13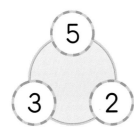

$3 + \square = \square$

$\square - 2 = \square$

16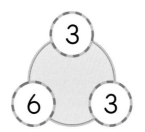

$3 + \square = \square$

$\square - 3 = \square$

14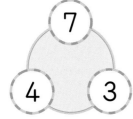

$4 + \square = \square$

$\square - 3 = \square$

17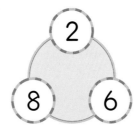

$2 + \square = \square$

$\square - 6 = \square$

15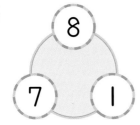

$7 + \square = \square$

$\square - 1 = \square$

18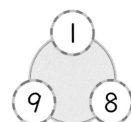

$1 + \square = \square$

$\square - 8 = \square$

주어진 주사위의 눈의 수를 모두 이용하여 덧셈식과 뺄셈식을 만들어 보세요.

주어진 주사위의 눈의 수는 각각 $\square$, $\square$, $\square$ 입니다.

세 수 $\square$, $\square$, $\square$ 를 모두 이용하여 덧셈식과 뺄셈식을 만들어 봅니다.

답 $\square + \square = \square$, $\square - \square = \square$

다른 그림 찾기

아래 그림에서 위 그림과 다른 부분 5군데를 모두 찾아 ○표 하세요.

 교과서 **덧셈과 뺄셈**

⑬ 덧셈과 뺄셈하기

● **덧셈과 뺄셈을 해 볼까요?**

(1) 덧셈하기

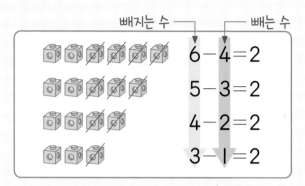

더해지는 수 ──┐   ┌── 더하는 수

$$0+3=3$$
$$1+2=3$$
$$2+1=3$$
$$3+0=3$$

➡ 더해지는 수가 1씩 커지고 더하는 수가 1씩 작아지면 합은 같습니다.

(2) 뺄셈하기

빼지는 수 ──┐   ┌── 빼는 수

$$6-4=2$$
$$5-3=2$$
$$4-2=2$$
$$3-1=2$$

➡ 빼지는 수가 1씩 작아지고 빼는 수도 1씩 작아지면 차는 같습니다.

1~2 덧셈을 하세요.

1 ●● $0+2=\boxed{}$

  ● ● $1+1=\boxed{}$

  ● ● $2+0=\boxed{}$

2 ●●●●● $0+5=\boxed{}$

  ● ●●●● $1+4=\boxed{}$

  ●● ●●● $2+3=\boxed{}$

  ●●● ●● $3+2=\boxed{}$

3~4 뺄셈을 하세요.

3 ●∅∅∅ $4-3=\boxed{}$

  ●●∅ $3-2=\boxed{}$

  ●∅ $2-1=\boxed{}$

4 ●●●∅∅∅∅ $7-4=\boxed{}$

  ●●●∅∅∅ $6-3=\boxed{}$

  ●●●∅∅ $5-2=\boxed{}$

  ●●●∅ $4-1=\boxed{}$

5~12 덧셈과 뺄셈을 하세요.

5 0+4=☐

1+3=☐

2+2=☐

3+1=☐

6 4+5=☐

5+4=☐

6+3=☐

7+2=☐

7 2+1=☐

2+2=☐

2+3=☐

2+4=☐

8 6+0=☐

6+1=☐

6+2=☐

6+3=☐

9 9-7=☐

8-6=☐

7-5=☐

6-4=☐

10 7-3=☐

6-2=☐

5-1=☐

4-0=☐

11 6-1=☐

6-2=☐

6-3=☐

6-4=☐

12 8-5=☐

8-6=☐

8-7=☐

8-8=☐

13~17 덧셈을 하세요.

13 1+2=☐

2+1=☐

두 수를 바꾸어
더해도 합은 같아.

14 2+3=☐

3+2=☐

15 5+4=☐

4+5=☐

16 6+2=☐

2+6=☐

17 7+0=☐

0+7=☐

18~20 계산 결과가 다른 것을 찾아 색 칠하세요.

21~22 빈칸에 알맞은 수를 써넣으세요.

18

$5+1$ $3+3$

$4+2$ $5+2$

19

$8+1$ $7+1$

$8+0$ $6+2$

20

$9-3$ $8-3$

$8-2$ $7-1$

21

$+4$

3	
4	
5	

22

-4

7	
8	
9	

연산⁺

친구들이 말한 뺄셈과 차가 같은 뺄셈식을 만들어 보세요.

$3-1$ $4-2$ $5-3$

$3-1=\boxed{}$, $4-2=\boxed{}$, $5-3=\boxed{}$ 이므로 차가 $\boxed{}$ 인 뺄셈식을 만듭니다.

답 $\boxed{}-\boxed{}=\boxed{}$

징검다리 건너기

로하는 계산 결과가 7인 돌만 밟고 건너편에 있는 동생에게 가려고 합니다.
밟아야 하는 돌을 모두 찾아 색칠하세요.

로하

2+5 5+3

3+4 4+3

7-3 9-2

4+1 8-1

6-0

오늘 나의 실력을 평가해 봐!

🐱 부모님 응원 한마디

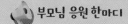

⑭ 덧셈식과 뺄셈식 완성하기

● □의 값을 구해 볼까요?

(1) $2+\square=5$

$2+\square=5$를 모으기로 나타내 봅니다.

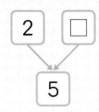

5는 2와 3으로 가르기 할 수 있으므로
□=3입니다.

(2) $\square-1=3$

$\square-1=3$을 가르기로 나타내 봅니다.

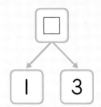

1과 3을 모으기 하면 4가 되므로
□=4입니다.

거꾸로 생각하여
모으기는 가르기,
가르기는 모으기를 이용해
□의 값을 구하면 돼.

1~4 빈칸에 알맞은 수를 써넣으세요.

1 $1+\boxed{}=3$

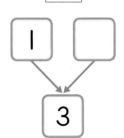

2 $2+\boxed{}=6$

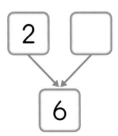

3 $\boxed{}-3=2$

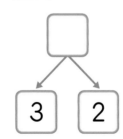

4 $\boxed{}-6=1$

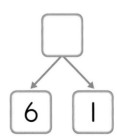

5~18 □ 안에 알맞은 수를 써넣으세요.

19~25 ○ 안에 + 또는 − 를 알맞게 써넣으세요.

5 $1 + \boxed{} = 4$

6 $4 + \boxed{} = 5$

7 $2 + \boxed{} = 7$

8 $4 + \boxed{} = 6$

9 $5 + \boxed{} = 9$

10 $2 + \boxed{} = 8$

11 $1 + \boxed{} = 9$

12 $\boxed{} - 1 = 2$

13 $\boxed{} - 2 = 3$

14 $\boxed{} - 5 = 1$

15 $\boxed{} - 2 = 2$

16 $\boxed{} - 4 = 3$

17 $\boxed{} - 7 = 1$

18 $\boxed{} - 6 = 3$

19 $1 \bigcirc 4 = 5$

계산 결과가 가장 왼쪽의 수보다 커졌는지, 작아졌는지 확인하여 + 또는 − 를 써넣어.

20 $0 \bigcirc 6 = 6$

21 $2 \bigcirc 7 = 9$

22 $4 \bigcirc 3 = 1$

23 $7 \bigcirc 2 = 5$

24 $9 \bigcirc 5 = 4$

25 $8 \bigcirc 8 = 0$

□ 안에 알맞은 수를 써넣으세요.

○ 안에 + 또는 −를 알맞게 써넣으세요.

26

2 → + □ → 4

30

3 ○ 3 = 6

27

4 → + □ → 7

31

7 ○ 5 = 2

28

□ → − 7 → 2

32

0 ○ 9 = 9

29

□ → − 3 → 5

33

2 ○ 2 = 0

주머니에 구슬이 6개 있었는데 몇 개를 더 넣었더니 모두 9개가 되었습니다. 주머니에 더 넣은 구슬은 몇 개인가요?

처음에 있던 구슬 수: □ 개, 전체 구슬 수: □ 개

처음에 있던 구슬 수   전체 구슬 수

□ + □ = □

따라서 주머니에 더 넣은 구슬은 □ 개입니다.   답 □ 개

덧셈식과 뺄셈식 완성하기

가로, 세로 방향으로 덧셈식과 뺄셈식이 성립하도록 빈칸에 알맞은 수를 써넣으세요.

⑮ 계산 결과의 크기 비교

● 2+1과 5−3의 크기를 비교해 볼까요?

$$2+1=\boxed{3} \qquad 5-3=\boxed{2}$$

식을 계산한 다음, 계산 결과의 크기를 비교해야 해.

· 3이 2보다 크므로 2+1은 5−3보다 계산 결과가 더 큽니다.
· 2가 3보다 작으므로 5−3은 2+1보다 계산 결과가 더 작습니다.

1~8 □ 안에 알맞은 수를 써넣고, 계산 결과가 더 큰 것에 ○표 하세요.

1 $3+1=\boxed{}$ $2+4=\boxed{}$
( ) ( )

2 $1+8=\boxed{}$ $2+6=\boxed{}$
( ) ( )

3 $4-1=\boxed{}$ $2-1=\boxed{}$
( ) ( )

4 $6-4=\boxed{}$ $8-2=\boxed{}$
( ) ( )

5 $1+5=\boxed{}$ $9-6=\boxed{}$
( ) ( )

6 $2+2=\boxed{}$ $8-3=\boxed{}$
( ) ( )

7 $7-1=\boxed{}$ $2+3=\boxed{}$
( ) ( )

8 $9-5=\boxed{}$ $5+2=\boxed{}$
( ) ( )

9

$1+4$

$2+0$

( ) ( )

10

$3+3$

$7+2$

( ) ( )

11

$4+3$

$1+7$

( ) ( )

12

$2-1$

$3-3$

( ) ( )

13

$7-2$

$8-4$

( ) ( )

14

$6-3$

$9-4$

( ) ( )

15

$1+3$

$5-2$

( ) ( )

16

$0+1$

$8-6$

( ) ( )

17

$1+2$

$6-2$

( ) ( )

18

$4-2$

$2+5$

( ) ( )

19

$9-1$

$4+2$

( ) ( )

20

$5+4$

$7-0$

( ) ( )

21

5+1	2+7	6+2
◯	◯	◯

24

4-3	5-1	2-2
◯	◯	◯

22

3+4	0+4	8-5
◯	◯	◯

25

7-4	8-1	3+6
◯	◯	◯

23

1+1	9-5	5+0
◯	◯	◯

26

9-0	4+4	7-5
◯	◯	◯

선아와 지호 중 먹고 남은 사탕이 더 적은 사람은 누구인가요?

나는 먹고 남은 사탕이 4개야.

선아

나는 사탕 9개 중 3개를 먹었어.

지호

(지호가 먹고 남은 사탕 수)=(처음에 있던 사탕 수)−(먹은 사탕 수)

= ☐ − ☐ = ☐ (개)

선아가 먹고 남은 사탕 수 →　　　← 지호가 먹고 남은 사탕 수

☐ 는 ☐ 보다 (큽니다 , 작습니다).

따라서 먹고 남은 사탕이 더 적은 사람은 (선아 , 지호)입니다.

답 ☐

필요한 붙임 딱지 수

지연이네 반에서 칭찬 붙임 딱지로 물건을 살 수 있는 학급 시장이 열렸습니다. 물건마다 필요한 칭찬 붙임 딱지의 수가 적혀 있습니다. □ 안에 알맞은 수를 써넣고, 지연이와 은호 중 물건을 사는 데 칭찬 붙임 딱지가 더 많이 필요한 친구는 누구인지 알아보세요.

학급시장

1
5
3
7
4
8
9
6
2

지연이가 사려고 하는 물건

□ + □ = □

은호가 사려고 하는 물건

□ + □ = □

📖 교과서 **덧셈과 뺄셈**

마무리 연산

1~2 그림을 보고 모으기 또는 가르기를 하세요.

1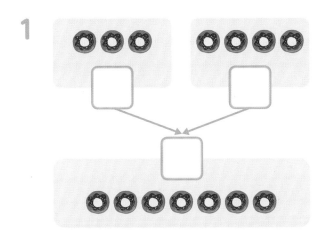

2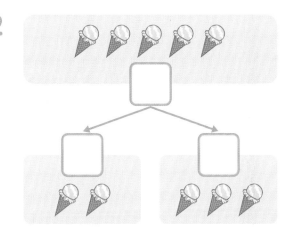

3~4 그림에 알맞은 식을 쓰고 읽어 보세요.

3

$2+6=\boxed{}$

2 더하기 6은 $\boxed{}$과 같습니다.

4

$8-7=\boxed{}$

8과 7의 차는 $\boxed{}$입니다.

5~10 계산을 하세요.

5 $1+2=\boxed{}$

7 $4-2=\boxed{}$

9 $7+0=\boxed{}$

6 $6+3=\boxed{}$

8 $9-5=\boxed{}$

10 $3-3=\boxed{}$

11~12 빈칸에 두 수의 합을 써넣으세요.

11

12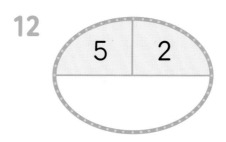

13~14 빈칸에 두 수의 차를 써넣으세요.

13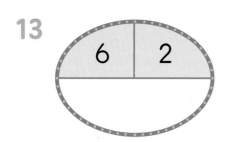

14

①

안에 알맞은 수를 써넣으세요. **15~16**

15

$3+6=\boxed{}$

$4+5=\boxed{}$

$5+4=\boxed{}$

➡ 합이 $\boxed{}$로 같습니다.

16

$8-5=\boxed{}$

$7-4=\boxed{}$

$6-3=\boxed{}$

➡ 차가 $\boxed{}$으로 같습니다.

17~18 ○ 안에 + 또는 ─를 알맞게 써넣으세요.

17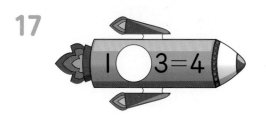

$1 \bigcirc 3 = 4$

18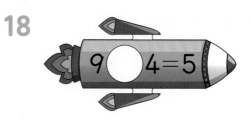

$9 \bigcirc 4 = 5$

빈칸에 알맞은 수를 써넣으세요.

19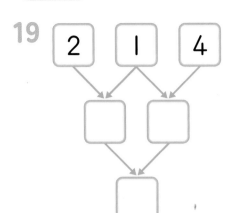

20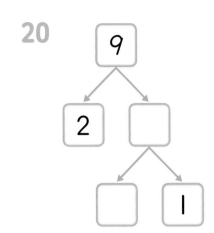

21 세 수를 모두 이용하여 덧셈식과 뺄셈식을 각각 2개씩 만들어 보세요.

☐ + ☐ = ☐ , ☐ + ☐ = ☐

☐ − ☐ = ☐ , ☐ − ☐ = ☐

22 ☐ 안에 알맞은 수를 써넣으세요.

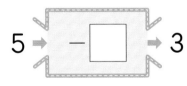

23 계산 결과가 가장 큰 것을 찾아 색칠하세요.

4＋3   0＋8   8−8

24 승아는 3과 2를 모으기 했고, 현우는 1과 6을 모으기 했습니다. 승아와 현우 중에서 모으기 한 수가 더 작은 친구는 누구인가요?

답

25 화단에 꽃이 5송이 피어 있었는데 오늘 1송이가 더 피었습니다. 화단에 핀 꽃은 모두 몇 송이인가요?

식

답

26 찬희는 마카롱을 4개 가지고 있습니다. 찬희가 마카롱을 동생에게 3개 주었다면 남은 마카롱은 몇 개인가요?

식

답

27 자전거 보관소에 자전거가 7대 있었는데 잠시 후 7대가 밖으로 나갔습니다. 자전거 보관소에 남은 자전거는 몇 대인가요?

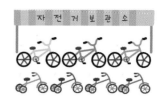

식

답

① 10 알아보기

● 10을 알아볼까요?

9보다 1만큼 더 큰 수를 10이라고 합니다.

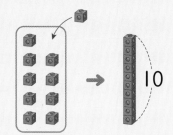

수	읽기	
10	십	열

● 10까지의 수를 읽어 볼까요?

1	2	3	4	5	6	7	8	9	10
일	이	삼	사	오	육	칠	팔	구	십
하나	둘	셋	넷	다섯	여섯	일곱	여덟	아홉	열

1~5 10이 되도록 색칠하세요.

1 😊😊😊😊😊😊😊😊😊🙂

2 🙂🙂🙂🙂🙂🙂🙂😐😐😐

3 😑😑😑😑😐😐😐😐😐😐

4 🙁🙁🙁☹️☹️☹️☹️☹️☹️☹️

5 ☹️☹️☹️☹️☹️☹️☹️☹️☹️☹️

순서에 맞게 빈칸에 알맞은 수나 말을 써넣으세요.

6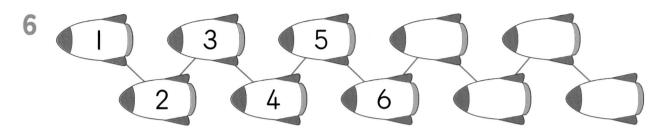

7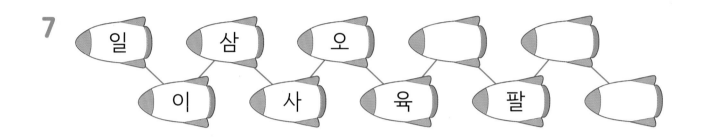

8

9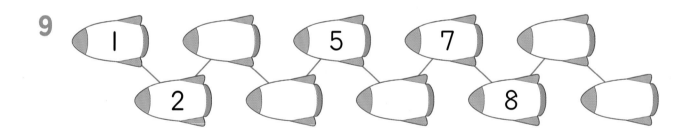

10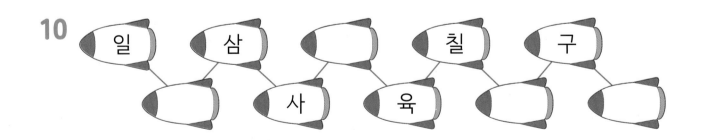

11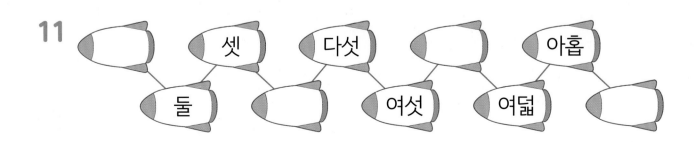

그림의 수가 10인 것을 모두 찾아 ○표 하세요.

12
( ) ( ) ( )

13
( ) ( ) ( )

14
( ) ( ) ( )

□ 안에 알맞은 수를 써넣으세요.

15 10은 8보다 ☐ 만큼 더 큰 수입니다.

16 10은 9보다 ☐ 만큼 더 큰 수입니다.

17 10은 6보다 ☐ 만큼 더 큰 수입니다.

18 10은 3보다 ☐ 만큼 더 큰 수입니다.

19 10은 5보다 ☐ 만큼 더 큰 수입니다.

연산⁺

수연이는 팽이를 7개 가지고 있습니다. 팽이가 10개가 되려면 팽이는 몇 개 더 필요한가요?

10은 7보다 ☐ 만큼 더 큰 수입니다.

따라서 팽이는 ☐ 개 더 필요합니다.

답 ☐ 개

관찰 일기

지우의 관찰 일기를 읽고 10을 알맞게 읽은 것에 ○표 하세요.

콩나물 키우기

준비물: 콩나물 콩, 그릇, 검정 비닐

○월 ○일 관찰 1일차

그릇에 불린 콩을 넣고 검정 비닐로 덮어 두었다.

엄마께서 "하나를 보면 10(십 , 열)을 안다던데, 정말 꼼꼼하구나."라고 칭찬해 주셨다.

○월 ○일 관찰 4일차

줄기가 무럭무럭 자라고 있다.

벌써 10(십 , 열)개 정도는 키가 크다.

10(십 , 열)일 후에는 콩나물을 먹을 수 있을 것 같다.

○월 ○일 관찰 7일차

콩나물이 노랗게 잘 자랐다.

콩나물은 키우기도 쉽고, 자라는 모습을 보는 것도 재미있다.

콩나물은 10(십 , 열)번도 더 키울 수 있을 것 같다.

❷ 10을 모으기와 가르기

● 10을 모으기 하거나 가르기 해 볼까요?

두 수를 모으기 하여 10을 만들거나 10을 두 수로 가르기 할 수 있습니다.

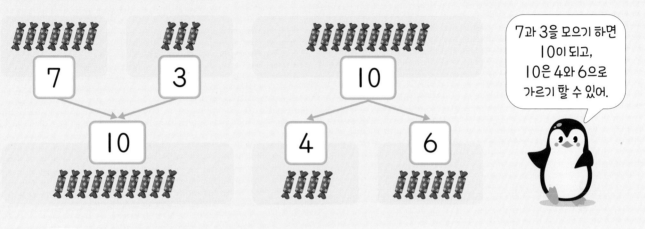

7과 3을 모으기 하면 10이 되고, 10은 4와 6으로 가르기 할 수 있어.

1~4 그림을 보고 모으기 또는 가르기를 하세요.

1

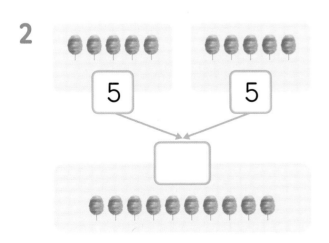

6 4

2

5 5

3

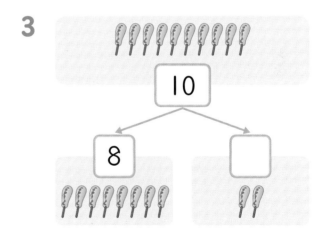

10

8

4

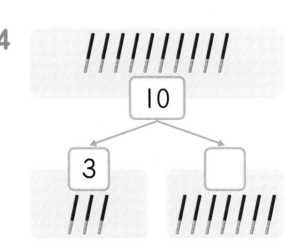

10

3

5~19 모으기 또는 가르기를 하세요.

5
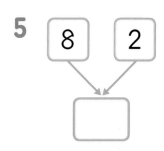

10
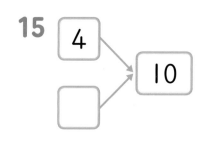

15
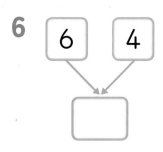

6
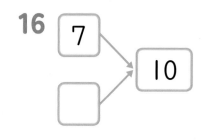

11
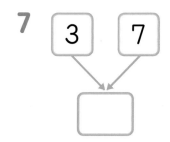

16
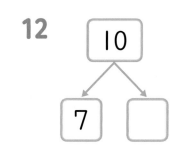

7
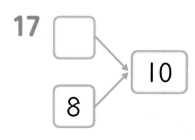

12
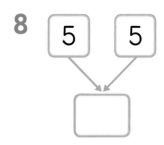

17
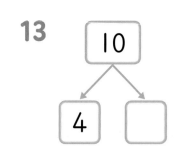

8
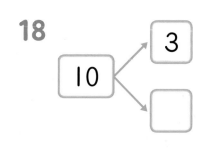

13
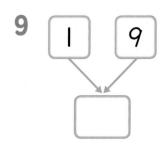

18
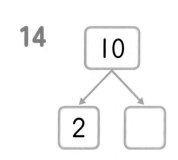

9
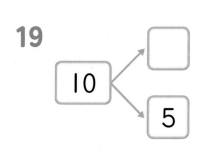

14

19

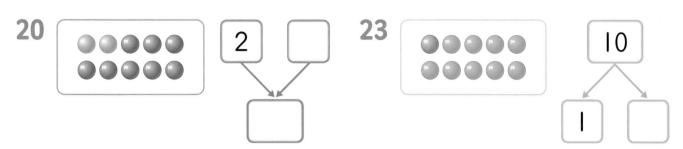

20

2 ☐
↓
☐

23

10
↙ ↘
1 ☐

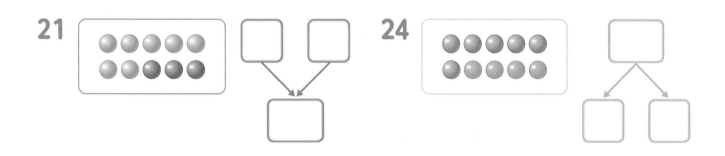

21

☐ ☐
↘ ↙
☐

24

☐
↙ ↘
☐ ☐

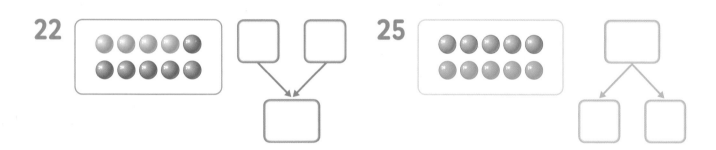

22

☐ ☐
↘ ↙
☐

25

☐
↙ ↘
☐ ☐

연산 +

진호는 왼손에 들고 있는 구슬 3개와 오른손에 들고 있는 구슬 7개를 빈 상자에 모두 담았습니다. 상자에 담은 구슬은 모두 몇 개인가요?

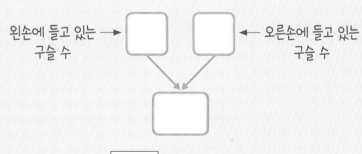

왼손에 들고 있는 → ☐ ☐ ← 오른손에 들고 있는
구슬 수　　　　　　　　　　구슬 수

☐

따라서 상자에 담은 구슬은 모두 ☐ 개입니다.　　　　　답 ☐ 개

비밀번호 찾기

도깨비들이 보석이 가득 차 있는 동굴 문을 열려면 자물쇠의 비밀번호를 알아야 합니다. 비밀번호는 모으기 또는 가르기를 하여 ㉠~㉣에 알맞은 수를 차례로 이어 붙여 쓴 것입니다. 비밀번호를 알아보세요.

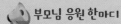

❸ 십몇 알아보기

● 13을 알아볼까요?

10개씩 묶음 1개와 낱개 ▲개는 1▲입니다.

10개씩 묶음 1개와 낱개 3개	수	읽기
	13	십삼
		열셋

● 11부터 19까지의 수를 쓰고 읽어 볼까요?

쓰기	11	12	13	14	15	16	17	18	19
읽기	십일	십이	십삼	십사	십오	십육	십칠	십팔	십구
	열하나	열둘	열셋	열넷	열다섯	열여섯	열일곱	열여덟	열아홉

1~3 모형을 보고 □ 안에 알맞은 수를 써넣으세요.

1

10개씩 묶음 □ 개와 낱개 □ 개 ➡ □

2

10개씩 묶음 □ 개와 낱개 □ 개 ➡ □

3

10개씩 묶음 □ 개와 낱개 □ 개 ➡ □

4~8 □ 안에 알맞은 수를 써넣으세요.

9~13 빈칸에 알맞은 수를 써넣으세요.

4

10개씩 묶음	낱개
1	1

➡ □

5

10개씩 묶음	낱개
1	3

➡ □

6

10개씩 묶음	낱개
1	6

➡ □

7

10개씩 묶음	낱개
1	4

➡ □

8

10개씩 묶음	낱개
1	9

➡ □

9

14	
10개씩 묶음	
낱개	

10

17	
10개씩 묶음	
낱개	

11

12	
10개씩 묶음	
낱개	

12

18	
10개씩 묶음	
낱개	

13

15	
10개씩 묶음	
낱개	

14~16 수를 두 가지 방법으로 읽어 보세요.

17~19 수를 세어 □ 안에 알맞은 수를 써넣고, 두 가지 방법으로 읽어 보세요.

14

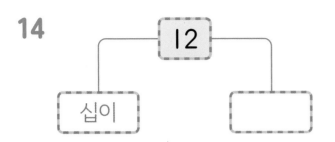

십이

17

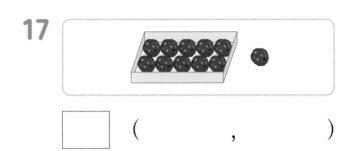

☐ (,)

15

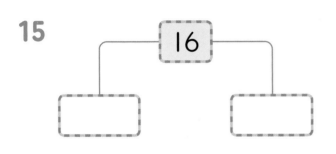

18

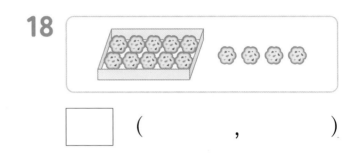

☐ (,)

16

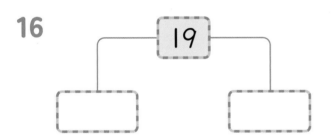

19

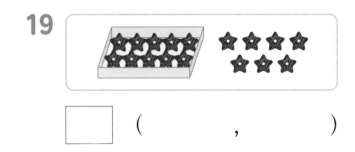

☐ (,)

지선이는 초콜릿을 다음과 같이 가지고 있습니다. 지선이가 가지고 있는 초콜릿은 모두 몇 개인가요?

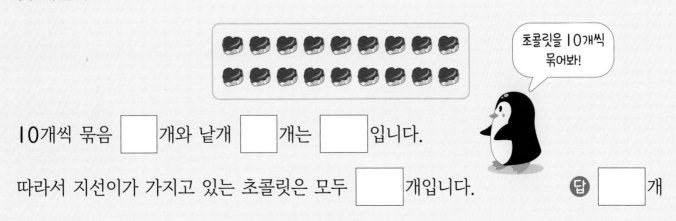

초콜릿을 10개씩 묶어봐!

10개씩 묶음 ☐ 개와 낱개 ☐ 개는 ☐ 입니다.

따라서 지선이가 가지고 있는 초콜릿은 모두 ☐ 개입니다.

답 ☐ 개

꽃잎 색칠하기

꽃의 가운데 적힌 수와 관계있는 꽃잎을 모두 찾아 색칠하세요.

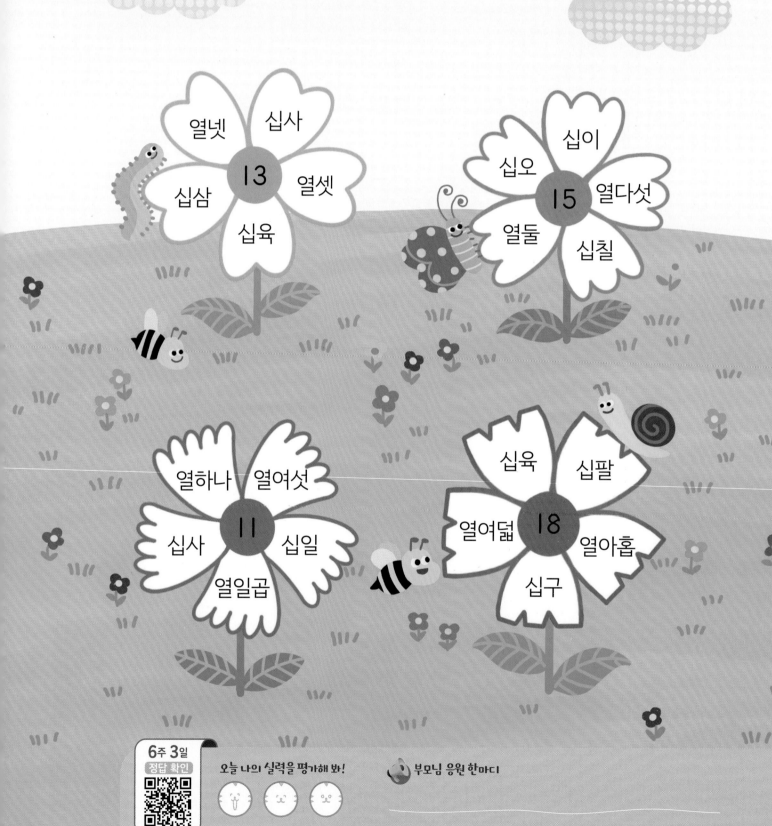

십사
열넷
13
십삼   열셋
십육

십이
십오   15   열다섯
열둘   십칠

열하나 열여섯
11
십사   십일
열일곱

십육   십팔
열여덟 18 열아홉
십구

 교과서 **50까지의 수**

④ 19까지의 수 모으기 ⑴

● 8과 3을 모으기 해 볼까요?

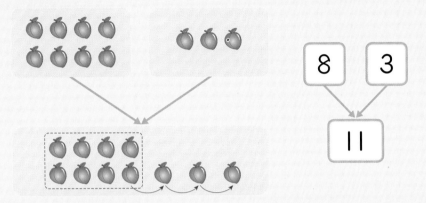

8부터 3만큼 수를 이어 세면 8하고 9, 10, 11입니다. ➡ 8과 3을 모으기 하면 11이 됩니다.

1~4 그림을 보고 모으기를 하세요.

1
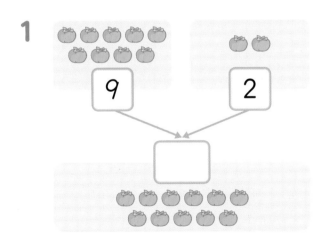

3
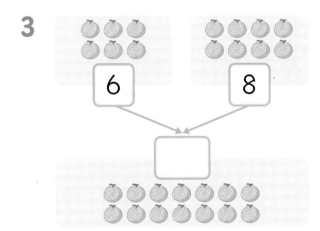

2
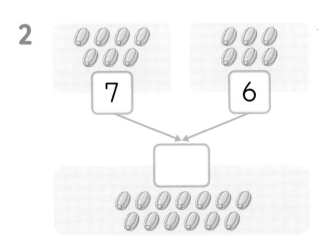

4
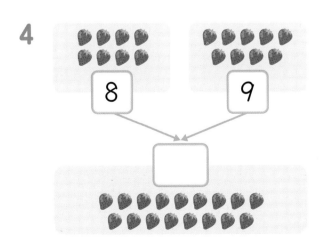

5~10 그림을 보고 알맞은 수만큼 ○를 그리고 모으기를 하세요.

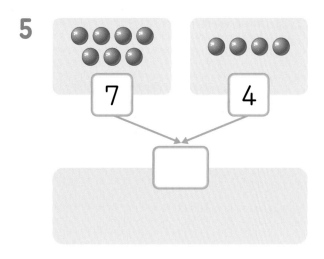

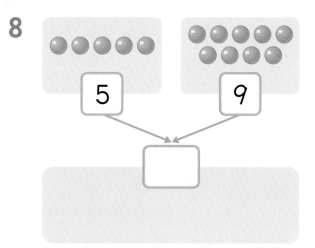

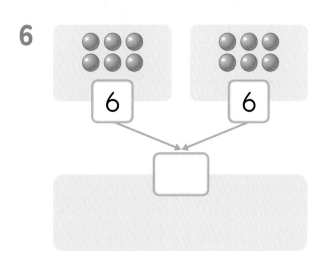

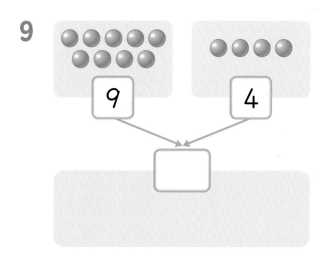

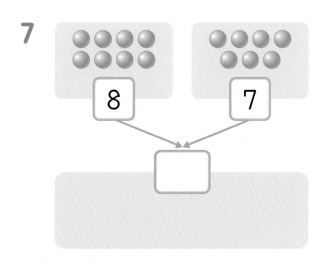

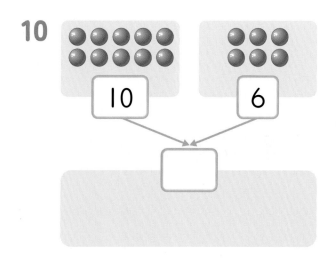

11~25 모으기를 하세요.

11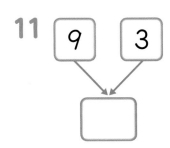

16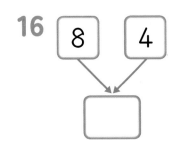

21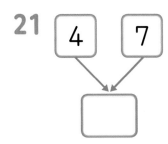

12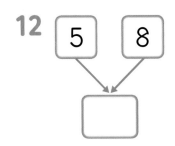

17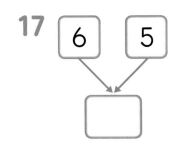

22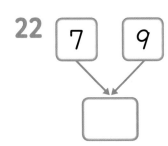

13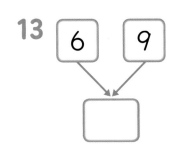

18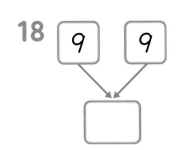

23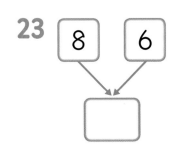

14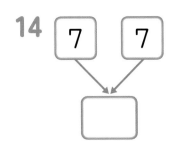

19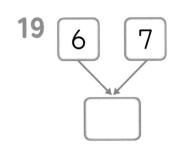

24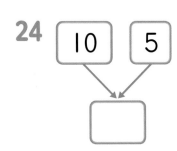

15

20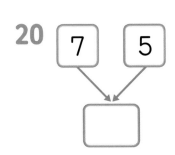

25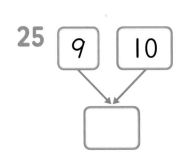

점수 구하기

소라와 준호가 화살 쏘기 게임을 하고 있습니다. 화살이 꽂힌 부분에 적혀 있는 두 수를 모으기 한 수가 두 사람이 얻은 점수입니다. 화살이 꽂힌 부분을 보고 빈칸에 알맞은 수를 써넣으세요.

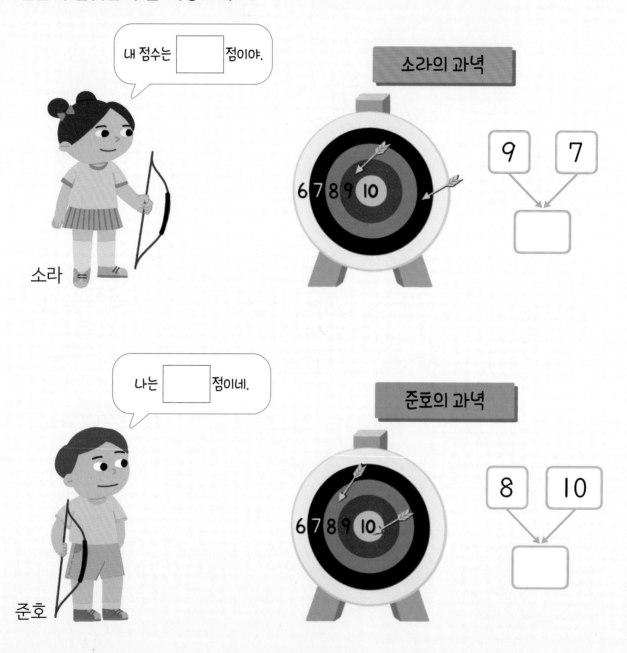

내 점수는 ☐ 점이야.

소라

소라의 과녁

6 7 8 9 10

9 7

☐

나는 ☐ 점이네.

준호

준호의 과녁

6 7 8 9 10

8 10

☐

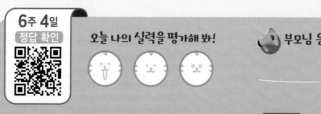

📖 교과서 50까지의 수

⑤ 19까지의 수 모으기(2)

● 7과 4를 모으기 해 볼까요?

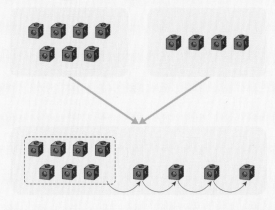

7부터 4만큼 수를 이어 세면
7하고 8, 9, 10, 11이니까
7과 4를 모으기 하면
11이 되는구나!

1~4 그림을 보고 모으기를 하세요.

1

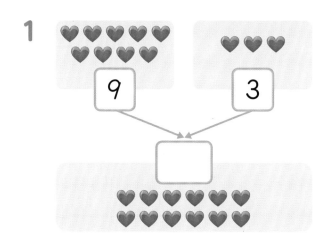

2

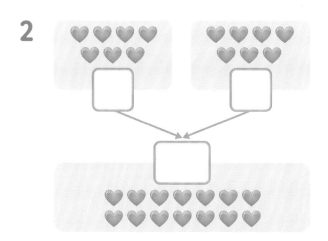

3

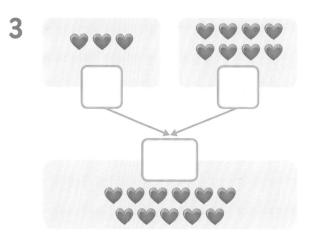

4

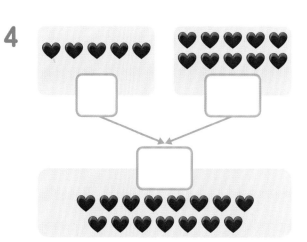

5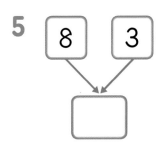

10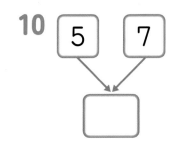

15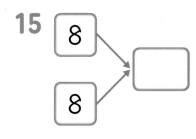

6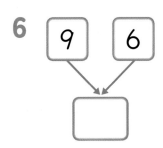

11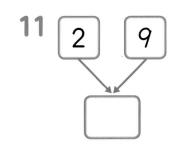

16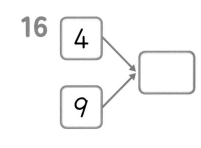

7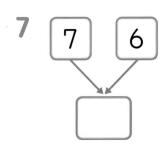

12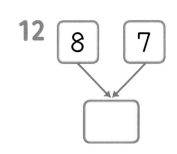

17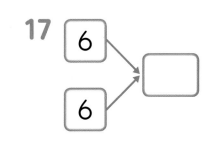

8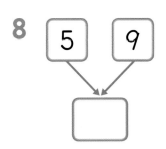

13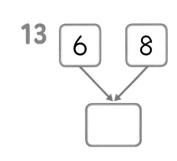

18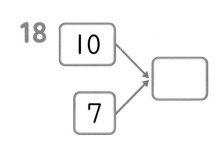

9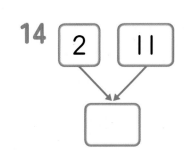

14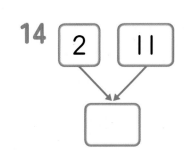

19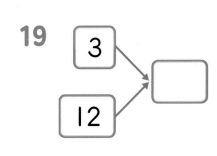

20~27 두 수를 모으기 하여 빈칸에 알맞은 수를 써넣으세요.

20

9	5

24

5	
6	

21

4	7

25

9	
7	

22

7	8

26

9	
9	

23

13	1

27

5	
14	

교실에 남학생이 4명, 여학생이 8명 있습니다. 교실에 있는 학생은 모두 몇 명인가요?

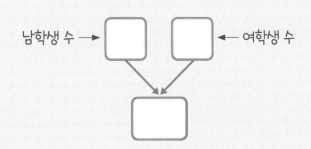

남학생 수 → ☐   ☐ ← 여학생 수

☐

따라서 교실에 있는 학생은 모두 ☐ 명입니다.

답 ☐ 명

친구 만나기

현호와 연아는 친구를 만나러 가려고 합니다. 주어진 수 카드에 적힌 두 수를 모으기 하여 13이 되는 것을 따라가면 만날 수 있습니다. 길을 찾아 선으로 이어 보세요.

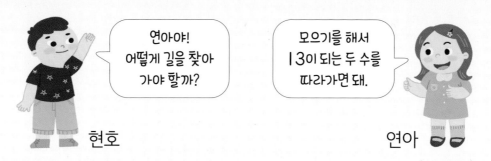

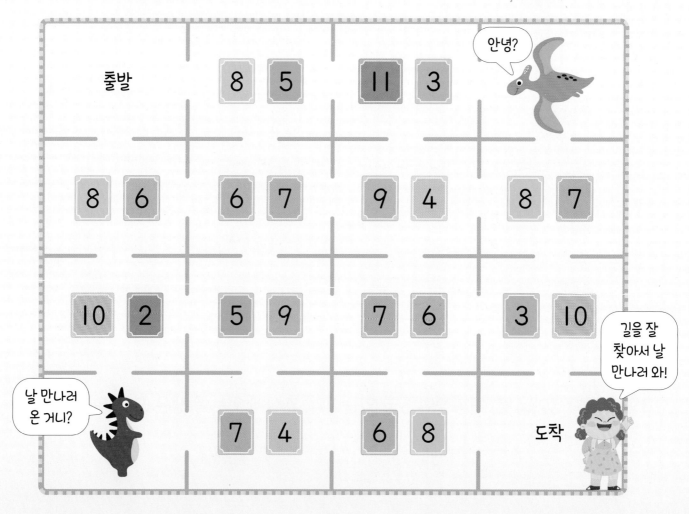

❻ 19까지의 수 가르기 (1)

● 12를 두 수로 가르기 해 볼까요?

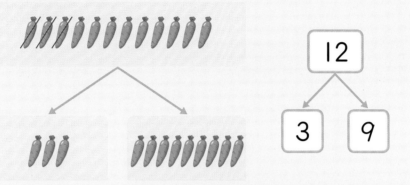

당근 12개 중에서 3개를 /로 지우면 9개가 남습니다. ➡ 12는 3과 9로 가르기 할 수 있습니다.

1~4 그림을 보고 가르기를 하세요.

1
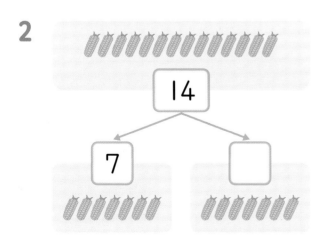

2

| | 14 | |
| 7 | | |

3
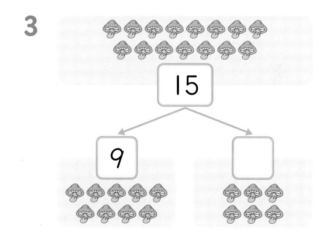

4

| | 16 | |
| 7 | | |

5~10 그림을 보고 알맞은 수만큼 ○를 그리고 가르기를 하세요.

5

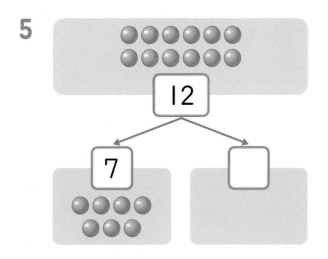

8

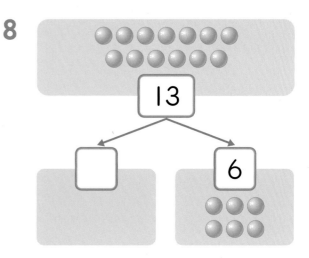

6

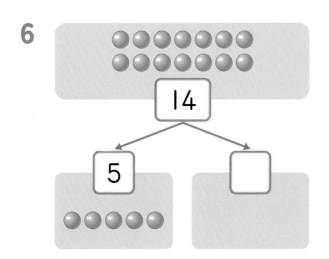

9

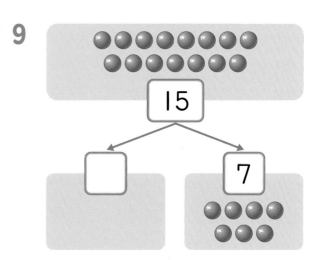

7

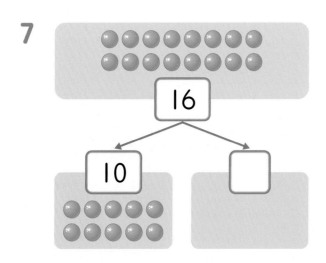

10

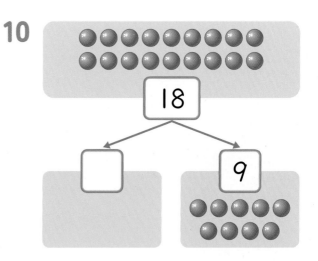

11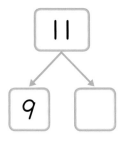

16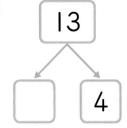

21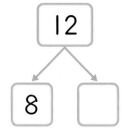

12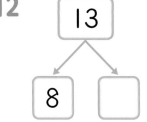

17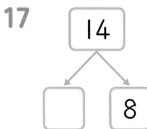

22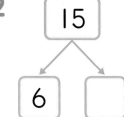

13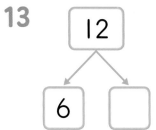

18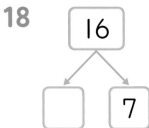

23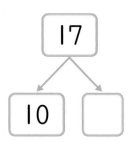

14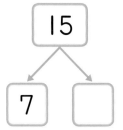

19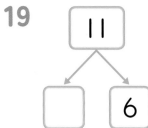

24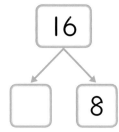

15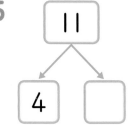

20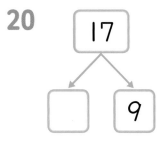

25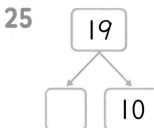

버스 타기

친구들이 집에 가려고 버스를 기다리고 있습니다. 친구들의 대화를 읽고 다른 버스를 타고 집에 가야 하는 친구를 찾아 △표 하세요.

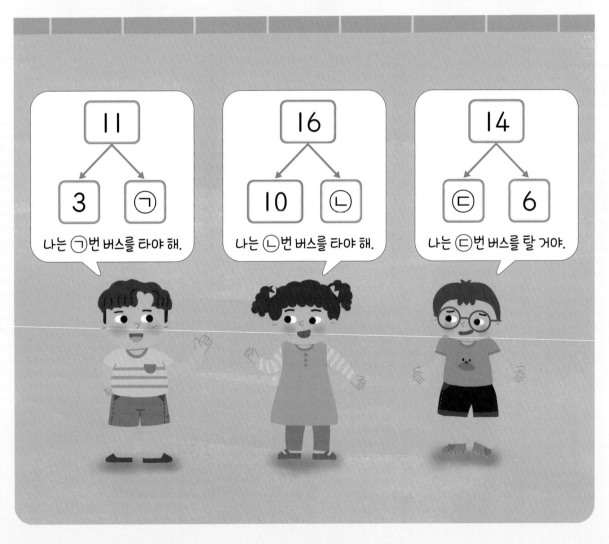

❼ 1 9까지의 수 가르기 (2)

● 13을 두 수로 가르기 해 볼까요?

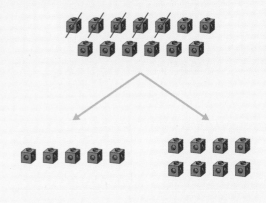

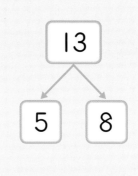

모형 13개 중에서 5개를 /로 지우면 8개가 남으니까 13은 5와 8로 가르기 할 수 있어.

1~4 그림을 보고 가르기를 하세요.

1
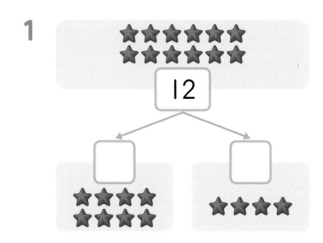

3

2
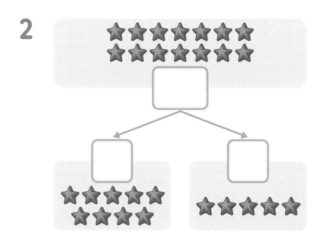

4
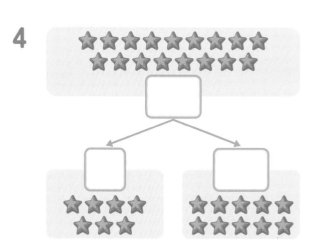

5~19 가르기를 하세요.

5
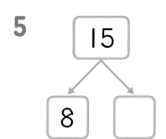

10
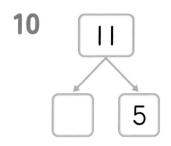

15
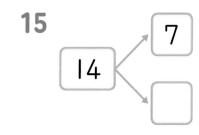

6

11
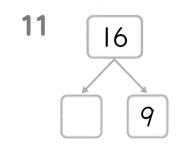

16
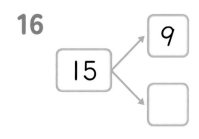

7
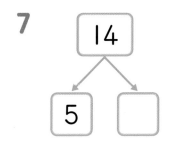

12
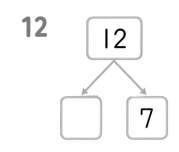

17
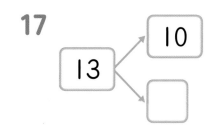

8
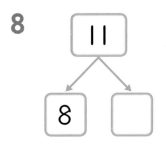

13
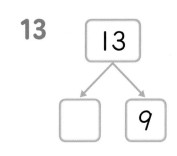

18
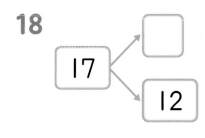

9
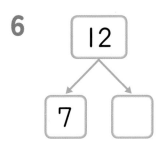

14
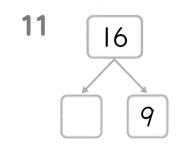

19
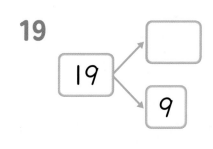

20~27 색칠된 칸에 적힌 수를 두 수로 가르기 하여 빈칸에 알맞은 수를 써넣으세요.

20

11	
9	

24

12	3

21

14	
8	

25

17	9

22

13	
	6

26

15	
	8

23

12	
	1

27

18	
	13

혜림이는 구슬 18개를 두 손에 나누어 가지고 있습니다. 왼손에 9개를 가지고 있다면 오른손에 가지고 있는 구슬은 몇 개인가요?

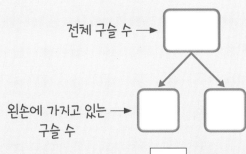

전체 구슬 수 →

왼손에 가지고 있는 → 구슬 수

따라서 오른손에 가지고 있는 구슬은 ☐ 개입니다.

답 ☐ 개

벽돌에 적힌 수

보기와 같이 벽돌에 적힌 수를 가르기 하여 빈칸에 알맞은 수를 써넣으세요.

위 벽돌에 적힌 수를
바로 아래 벽돌의 두 수로
가르기 한 거구나.

먼저 12를 어떤 수와
5로 가르기 할 수 있는지
생각해 보자.

❽ 10개씩 묶어 세기

● 20, 30, 40, 50을 알아볼까요?

10개씩 묶음 ■개는 ■0입니다.

	수	읽기
10개씩 묶음 2개	20	이십
		스물

	수	읽기
10개씩 묶음 4개	40	사십
		마흔

	수	읽기
10개씩 묶음 3개	30	삼십
		서른

	수	읽기
10개씩 묶음 5개	50	오십
		쉰

[1~4] 그림을 보고 □ 안에 알맞은 수를 써넣으세요.

1
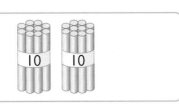

10개씩 묶음 ☐ 개 ➡ ☐

3
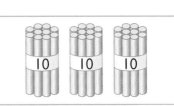

10개씩 묶음 ☐ 개 ➡ ☐

2
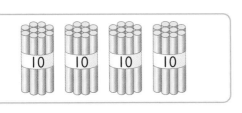

10개씩 묶음 ☐ 개 ➡ ☐

4
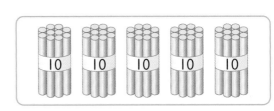

10개씩 묶음 ☐ 개 ➡ ☐

5

10개씩 묶음 2개

↓

[ ]

6

10개씩 묶음 3개

↓

[ ]

7

10개씩 묶음 5개

↓

[ ]

8

10개씩 묶음 4개

↓

[ ]

9

30

↓

10개씩 묶음 [ ]개

10

20

↓

10개씩 묶음 [ ]개

11

40

↓

10개씩 묶음 [ ]개

12

50

↓

10개씩 묶음 [ ]개

수를 두 가지 방법으로 읽어 보세요.

수를 세어 ☐ 안에 알맞은 수를 써넣고, 두 가지 방법으로 읽어 보세요.

13

40	

14

30	

15

20	

16

☐ (,)

17

☐ (,)

18

☐ (,)

연산⁺

요구르트가 40개 있습니다. 이 요구르트를 한 봉지에 10개씩 담으면 모두 몇 봉지가 되나요?

요구르트는 10개씩 묶음 ☐개입니다.

따라서 요구르트는 모두 ☐봉지가 됩니다.

답 ☐봉지

심부름하기

윤정이는 엄마 심부름을 하러 야채 가게에 왔습니다. 심부름 목록 을 보고 관계있는 것끼리 선으로 이어 보세요.

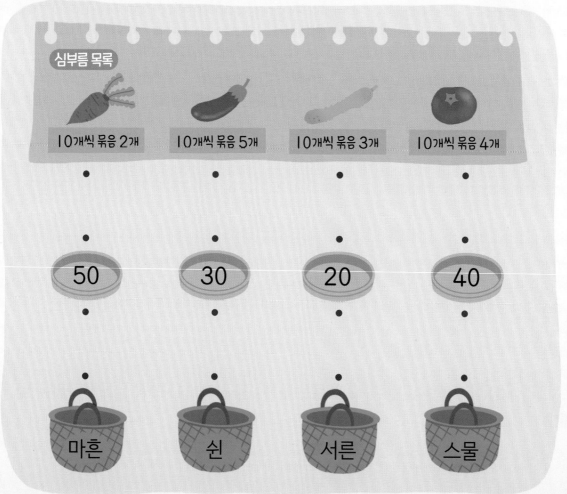

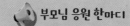

9 50까지의 수 (1)

● 24를 알아볼까요?

10개씩 묶음 ■개와 낱개 ▲개는 ■▲입니다.

10개씩 묶음의 수를 먼저 읽고, 낱개의 수를 읽어.

	수	읽기
 10개씩 묶음 2개와 낱개 4개	24	이십사
		스물넷

1~4 모형을 보고 □ 안에 알맞은 수를 써넣으세요.

1
10개씩 묶음 □개와 낱개 □개 ➡ □

2
10개씩 묶음 □개와 낱개 □개 ➡ □

3
10개씩 묶음 □개와 낱개 □개 ➡ □

4
10개씩 묶음 □개와 낱개 □개 ➡ □

5

10개씩 묶음	낱개
2	1

➡ □

6

10개씩 묶음	낱개
2	7

➡ □

7

10개씩 묶음	낱개
3	2

➡ □

8

10개씩 묶음	낱개
3	9

➡ □

9

10개씩 묶음	낱개
4	5

➡ □

10

26	
10개씩 묶음	
낱개	

11

31	
10개씩 묶음	
낱개	

12

38	
10개씩 묶음	
낱개	

13

44	
10개씩 묶음	
낱개	

14

47	
10개씩 묶음	
낱개	

15

22

이십이

16

28

17

36

18

41

19

49

20

□ (,   )

21

□ (,   )

22

□ (,   )

23

□ (,   )

당첨이 된 사람 찾기

재호와 친구들이 행운권을 각각 1장씩 가지고 있습니다. 당첨 번호로 뽑힌 공에 적힌 3개의 수와 행운권의 수가 모두 같으면 당첨이 된다고 합니다. 당첨이 된 사람을 찾아보세요.

당첨 번호

ㄱ **23** ㄴ **38** ㄷ **45**

재호의 행운권
ㄱ 스물셋
ㄴ 삼십팔
ㄷ 사십이

민아의 행운권
ㄱ 이십삼
ㄴ 서른여덟
ㄷ 마흔다섯

광수의 행운권
ㄱ 삼십이
ㄴ 서른여섯
ㄷ 사십오

당첨되고 싶어.

행운권의 수를 당첨 번호와 비교해 봐!

3개의 수가 모두 같아야 당첨이야.

재호

민아

광수

  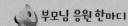

⑩ 50까지의 수(2)

● 38을 알아볼까요?

38을 '삼십여덟'이나 '서른팔'로 읽지 않도록 주의해.

10개씩 묶음 3개와 낱개 8개	수	읽기
	38	삼십팔
		서른여덟

1~4 그림을 보고 □ 안에 알맞은 수를 써넣으세요.

1

10개씩 묶음 ☐개와 낱개 ☐개

➡ ☐

2

10개씩 묶음 ☐개와 낱개 ☐개

➡ ☐

3

10개씩 묶음 ☐개와 낱개 ☐개

➡ ☐

4

10개씩 묶음 ☐개와 낱개 ☐개

➡ ☐

5

10개씩 묶음	2
낱개	3

➡ ☐

11

31 ➡

10개씩 묶음	
낱개	

6

10개씩 묶음	4
낱개	9

➡ ☐

12

28 ➡

10개씩 묶음	
낱개	

7

10개씩 묶음	3
낱개	6

➡ ☐

13

43 ➡

10개씩 묶음	
낱개	

8

10개씩 묶음	2
낱개	5

➡ ☐

14

39 ➡

10개씩 묶음	
낱개	

9

10개씩 묶음	3
낱개	2

➡ ☐

15

45 ➡

10개씩 묶음	
낱개	

10

10개씩 묶음	4
낱개	7

➡ ☐

16

24 ➡

10개씩 묶음	
낱개	

17~22 수를 세어 □ 안에 알맞은 수를 써넣고, 두 가지 방법으로 읽어 보세요.

17

□ (,   )

20

□ (,   )

18

□ (,   )

21

□ (,   )

19

□ (,   )

22

□ (,   )

연산⁺

현수는 색종이를 10장씩 4묶음과 낱장으로 2장 가지고 있습니다. 현수가 가지고 있는 색종이는 모두 몇 장인가요?

10개씩 묶음 □개와 낱개 □개는 □입니다.

따라서 현수가 가지고 있는 색종이는 모두 □장입니다.   답 □장

가로세로 수 맞추기

가로 열쇠와 세로 열쇠를 보고 빈칸에 알맞은 수를 써넣으세요.

<가로 열쇠>가 나타내는 수는 가로에 써야 해.

<세로 열쇠>가 나타내는 수는 세로에 쓰면 돼.

<가로 열쇠>

① 사십삼
② 10개씩 묶음 2개인 수
③ 삼십사
④ 10개씩 묶음 2개와
　낱개 1개인 수

<세로 열쇠>

⑤ 서른둘
⑥ 이십삼
⑦ 마흔둘
⑧ 10개씩 묶음 1개와
　낱개 9개인 수

7주 5일
정답 확인

오늘 나의 실력을 평가해 봐!

부모님 응원 한마디

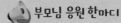

⑪ 50까지 수의 순서(1)

● **l부터 50까지 수의 순서를 알아볼까요?**

l부터 50까지의 수를 순서대로 쓰면 다음과 같습니다.

l씩 커집니다.

l	2	3	4	5	6	7	8	9	⑩
⑪	12	13	14	15	16	17	18	19	20
21	22	23	24	25	26	27	28	29	30
31	32	33	34	35	36	37	38	39	40
41	42	43	44	45	46	47	48	49	50

10 바로 뒤의 수는 ll이야.

l씩 작아집니다.

· 27보다 l만큼 더 작은 수는 27 바로 앞의 수인 26입니다.
· 27보다 l만큼 더 큰 수는 27 바로 뒤의 수인 28입니다.
· 26과 28 사이에 있는 수는 27입니다.

수를 순서대로 썼을 때 l만큼 더 작은 수는 바로 앞의 수이고, l만큼 더 큰 수는 바로 뒤의 수야.

1~6 두 수 사이에 있는 수를 빈칸에 써넣으세요.

1 | 10 |—| |—| 12 |

2 | 19 |—| |—| 21 |

3 | 24 |—| |—| 26 |

4 | 33 |—| |—| 35 |

5 | 38 |—| |—| 40 |

6 | 47 |—| |—| 49 |

7 1만큼 더 작은 수 　　　　1만큼 더 큰 수

[　　] — 12 — [　　]

8 1만큼 더 작은 수 　　　　1만큼 더 큰 수

[　　] — 18 — [　　]

9 1만큼 더 작은 수 　　　　1만큼 더 큰 수

[　　] — 23 — [　　]

10 1만큼 더 작은 수 　　　　1만큼 더 큰 수

[　　] — 26 — [　　]

11 1만큼 더 작은 수 　　　　1만큼 더 큰 수

[　　] — 31 — [　　]

12 1만큼 더 작은 수 　　　　1만큼 더 큰 수

[　　] — 34 — [　　]

13 1만큼 더 작은 수 　　　　1만큼 더 큰 수

[　　] — 37 — [　　]

14 1만큼 더 작은 수 　　　　1만큼 더 큰 수

[　　] — 40 — [　　]

15 1만큼 더 작은 수 　　　　1만큼 더 큰 수

[　　] — 45 — [　　]

16 1만큼 더 작은 수 　　　　1만큼 더 큰 수

[　　] — 49 — [　　]

17~26 수의 순서에 맞게 빈칸에 알맞은 수를 써넣으세요.

17 (15)－(16)－(　　)－(　　)

쏙셈 1권 8주 1일 ③

22
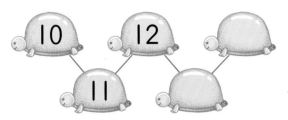

18 (31)－(　　)－(　　)－(34)

23
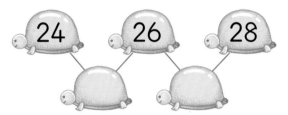

19 (27)－(　　)－(29)－(　　)

24

20 (　　)－(48)－(　　)－(50)

25

21 (　　)－(39)－(40)－(　　)

26

그림 완성하기

아기 얼룩말이 동물원을 탈출했습니다. I부터 50까지의 수를 순서대로 이어 탈출한 얼룩말의 그림을 완성하세요.

📖 교과서 50까지의 수

⑫ 50까지 수의 순서(2)

● 41부터 50까지 수의 순서를 알아볼까요?

I씩 커집니다.

| 41 | 42 | 43 | 44 | 45 | 46 | 47 | 48 | 49 | 50 |

I씩 작아집니다.

- 42보다 I만큼 더 작은 수는 41입니다.
- 42보다 I만큼 더 큰 수는 43입니다.
- 45와 47 사이에 있는 수는 46입니다.

1~4 두 수 사이에 있는 수를 빈칸에 써넣으세요.

1
11 — [ ] — 13

2
25 — [ ] — 27

3
39 — [ ] — 41

4
32 — [ ] — 34

5~8 빈칸에 알맞은 수를 써넣으세요.

5
I만큼 더 작은 수　　I만큼 더 큰 수
[ ] — 21 — [ ]

6
I만큼 더 작은 수　　I만큼 더 큰 수
[ ] — 37 — [ ]

7
I만큼 더 작은 수　　I만큼 더 큰 수
[ ] — 44 — [ ]

8
I만큼 더 작은 수　　I만큼 더 큰 수
[ ] — 28 — [ ]

9~13 수의 순서에 맞게 빈칸에 알맞은 수를 써넣으세요.

14~18 수를 거꾸로 세어 빈칸에 알맞은 수를 써넣으세요.

9

| 11 | 12 | | |

14

10

| 28 | | 30 | |

15

11

| | 34 | | 36 |

16

12

| | 21 | 22 | |

17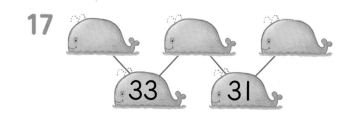

13

| 47 | | | 50 |

18

수의 순서를 생각하여 빈칸에 알맞은 수를 써넣으세요.

19

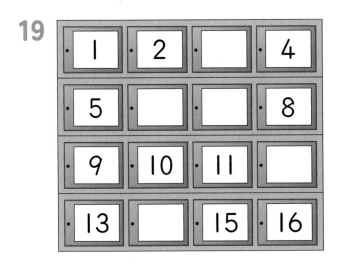

21

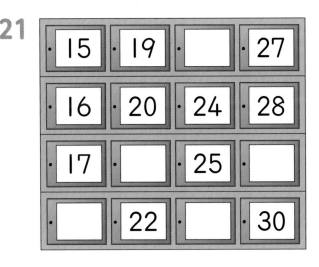

20

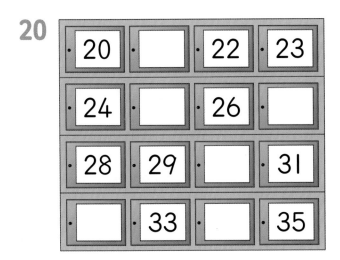

22

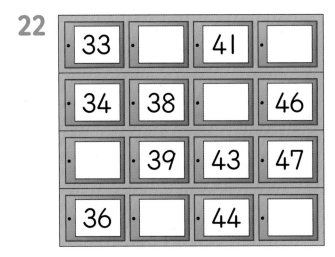

깃발을 번호 순서대로 꽂으려고 합니다. 48번 깃발과 50번 깃발 사이에 꽂아야 할 깃발은 몇 번인가요?

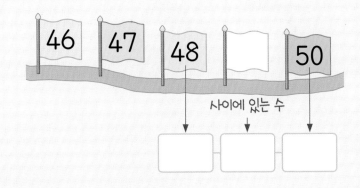

사이에 있는 수

따라서 꽂아야 할 깃발은 ☐ 번입니다.

답 ☐ 번

앗! 나의 실수

경아가 실수로 달력에 잉크를 흘렸습니다. 두 친구의 대화를 읽고 □ 안에 알맞은 수를 써넣으세요.

4월

일	월	화	수	목	금	토
			1	2	3 진희 생일	4
5	6	7	8 동물원 가는 날	9	10	11
12	13	14	15	16	17	18 할머니 오시는 날
19	20	●	● 봄 소풍 가는 날	●	24	● 놀이공원 가는 날
26	27	● 예솔 생일	29	30		

우리 봄 소풍 가는 날이 며칠이야?

경아

잉크를 흘린 곳에 수를 순서대로 써넣으면, 봄 소풍은 □ 일에 가겠다.

8주 2일
정답 확인

오늘 나의 실력을 평가해 봐!

부모님 응원 한마디

8주 3일

⑬ 두 수의 크기 비교

● **두 수의 크기를 비교해 볼까요?**

먼저 10개씩 묶음의 수를 비교하고 10개씩 묶음의 수가 같으면 낱개의 수를 비교합니다.

10개씩 묶음의 수가 다를 때	10개씩 묶음의 수가 같을 때
10개씩 묶음의 수가 클수록 큰 수입니다.	낱개의 수가 클수록 큰 수입니다.
32　　**18**	**27**　　**24**
• 32는 18보다 큽니다. • 18은 32보다 작습니다.	• 27은 24보다 큽니다. • 24는 27보다 작습니다.

1~4 모형을 보고 알맞은 말에 ○표 하세요.

1

20은 30보다 (큽니다 , 작습니다).

3

 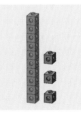

17은 13보다 (큽니다 , 작습니다).

2

35는 29보다 (큽니다 , 작습니다).

4

 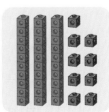

34는 39보다 (큽니다 , 작습니다).

5 22는 18보다
(큽니다 , 작습니다).

11 15는 20보다
(큽니다 , 작습니다).

6 25는 27보다
(큽니다 , 작습니다).

12 19는 16보다
(큽니다 , 작습니다).

7 17은 32보다
(큽니다 , 작습니다).

13 45는 33보다
(큽니다 , 작습니다).

8 30은 28보다
(큽니다 , 작습니다).

14 34는 41보다
(큽니다 , 작습니다).

9 26은 43보다
(큽니다 , 작습니다).

15 28은 25보다
(큽니다 , 작습니다).

10 39는 31보다
(큽니다 , 작습니다).

16 42는 49보다
(큽니다 , 작습니다).

17~21 더 큰 수에 ○표 하세요.

22~26 더 작은 수에 △표 하세요.

17

| 14 | 11 |

22

| 24 | 17 |

18

| 20 | 23 |

23

| 30 | 40 |

19

| 31 | 28 |

24

| 37 | 22 |

20

| 26 | 44 |

25

| 45 | 41 |

21

| 47 | 39 |

26

| 32 | 35 |

과수원에서 사과를 지희는 50개, 연희는 36개 땄습니다. 지희와 연희 중에서 사과를 더 많이 딴 친구는 누구인가요?

지희가 딴 사과 수   연희가 딴 사과 수

[   ] 은 [   ] 보다 (큽니다 , 작습니다).

따라서 사과를 더 많이 딴 친구는 (지희 , 연희)입니다.

답 [   ]

사다리 타기

사다리 타기는 세로선을 따라 아래로 내려가다가 가로선을 만나면 가로로 이동하고, 다시 세로선을 만나면 세로선을 따라 아래로 내려가는 놀이입니다. 두 수 중에서 더 큰 수를 사다리를 타고 내려가면 도착하는 곳에 각각 써넣으세요.

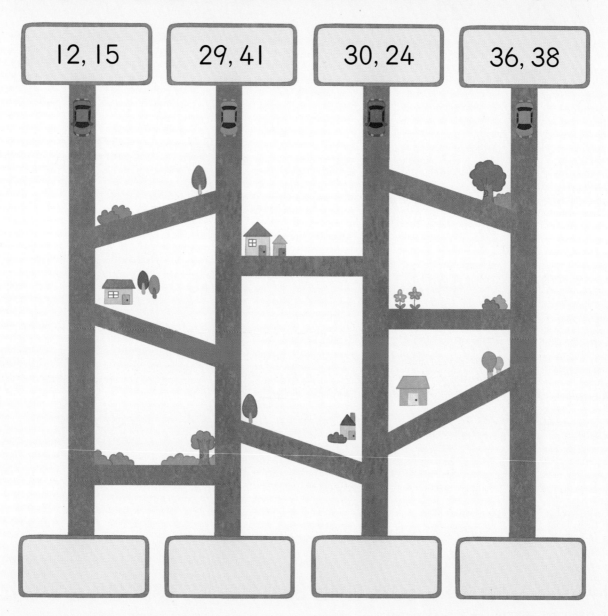

| 12, 15 | 29, 41 | 30, 24 | 36, 38 |

8주 4일

⑭ 세 수의 크기 비교

● 25, 31, 29의 크기를 비교해 볼까요?

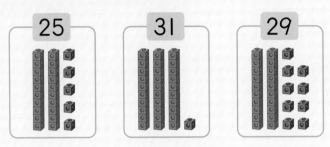

| 25 | 31 | 29 |

① 10개씩 묶음의 수를 한꺼번에 비교합니다.

25, 31, 29 ➡ 가장 큰 수는 31입니다.

② 남은 두 수의 낱개의 수를 비교합니다.

25, 29 ➡ 가장 작은 수는 25입니다.

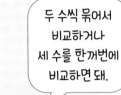

두 수씩 묶어서 비교하거나 세 수를 한꺼번에 비교하면 돼.

1~4 빈칸에 알맞은 수를 써넣으세요.

1

수	18	26	32
10개씩 묶음	1		
낱개	8		

➡ 가장 큰 수: ☐

3

수	34	23	16
10개씩 묶음			
낱개			

➡ 가장 작은 수: ☐

2

수	17	12	15
10개씩 묶음			
낱개			

➡ 가장 큰 수: ☐

4

수	22	20	37
10개씩 묶음			
낱개			

➡ 가장 작은 수: ☐

5

| 14 | 18 | 13 |

6

| 31 | 22 | 29 |

7

| 15 | 23 | 32 |

8

| 27 | 35 | 30 |

9

| 39 | 28 | 46 |

10

| 50 | 33 | 49 |

11

| 19 | 25 | 20 |

12

| 34 | 30 | 38 |

13

| 32 | 41 | 36 |

14

| 42 | 48 | 40 |

15

| 26 | 24 | 31 |

16

| 43 | 16 | 37 |

17

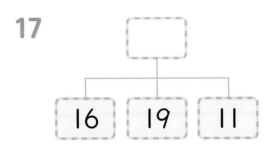

16   19   11

18

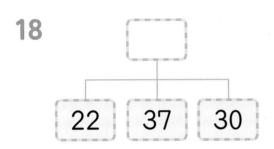

22   37   30

19

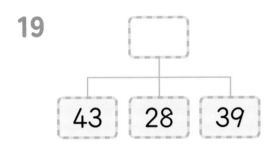

43   28   39

20

17

12   21

21

29

45   32

22

47

26   44

연산⁺

목장에 소 23마리, 양 35마리, 말 27마리가 있습니다. 목장에 있는 동물 중에서 가장 적은 동물은 무엇인가요?

	소의 수 ↓	양의 수 ↓	말의 수 ↓
수	23	35	27
10개씩 묶음			
낱개			

23, 35, 27 중에서 가장 작은 수는 □ 입니다.

따라서 가장 적은 동물은 (소 , 양 , 말)입니다.

답 □

동전 모으기 게임

지우와 친구들이 게임을 하면서 얻은 동전을 돼지 저금통에 모았습니다. 돈을 가장 많이 모은 친구를 알아보세요.

 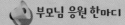

📖 교과서 **50까지의 수**

마무리 연산

1~4 그림을 보고 모으기 또는 가르기를 하세요.

1
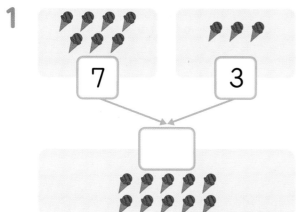

7   3

□

3
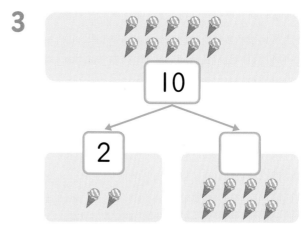

10

2   □

2
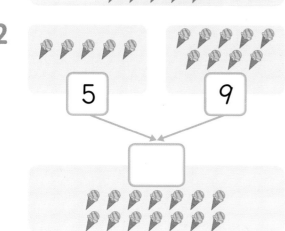

5   9

□

4
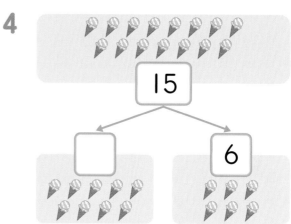

15

□   6

5~10 모으기 또는 가르기를 하세요.

5
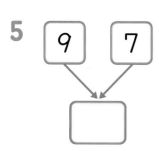
9   7

□

7
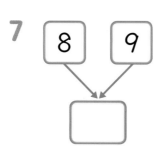
8   9

□

9
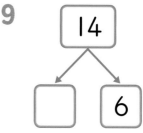
14

□   6

6
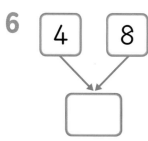
4   8

□

8
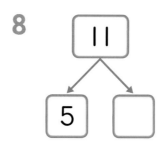
11

5   □

10
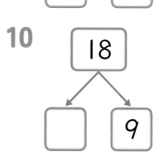
18

□   9

11~14 수를 세어 빈칸에 알맞은 수를 써넣으세요.

11

12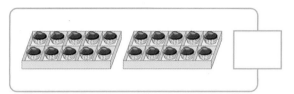

13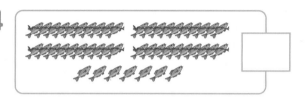

14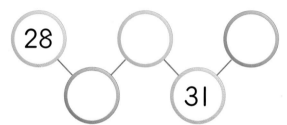

15~18 수의 순서에 맞게 빈칸에 알맞은 수를 써넣으세요.

15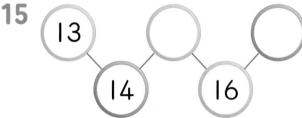

13 ◯ ◯
  14   16

16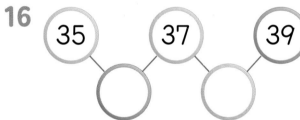

35   37   39
  ◯   ◯

17

28 ◯ ◯
  ◯   31

18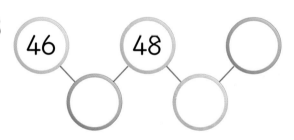

46   48   ◯
  ◯   ◯

19~20 더 큰 수에 ◯표 하세요.

19

| 23 | 14 |

20

| 32 | 38 |

21~22 가장 작은 수를 찾아 색칠하세요.

21

27   31   29

22

40   16   36

23~24 빈칸에 알맞은 수를 써넣으세요.

25 그림이 나타내는 수를 두 가지 방법으로 읽어 보세요.

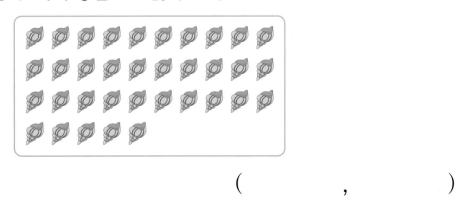

(,   )

26 주어진 수를 순서에 맞게 빈칸에 써넣으세요.

27 43보다 작은 수가 적힌 수 카드에 모두 ○표 하세요.

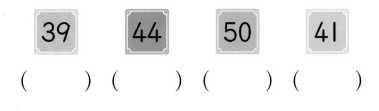

(   ) (   ) (   ) (   )

28 종이비행기를 수지는 8개, 인우는 7개 접었습니다. 수지와 인우가 접은 종이비행기는 모두 몇 개인가요?

 답 _____

29 장미꽃이 10송이씩 4묶음과 낱개로 9송이 있습니다. 장미꽃은 모두 몇 송이인가요?

 답 _____

30 25와 30 사이에 있는 수는 모두 몇 개인가요?

답 _____

31 줄넘기를 재희는 36번, 종현이는 열여덟 번 했습니다. 재희와 종현이 중에서 줄넘기를 더 많이 한 친구는 누구인가요?

 답 _____

바른답과 학부모 가이드

1권 (1학년 1학기)

하루 한장 쏙셈의 효율적인 학습을 위한 특별 제공

1

"바른답과 학부모 가이드"의 앞표지를 넘기면 '학습 계획표'가 있어요. 아이와 함께 학습 계획을 세워 보세요.

2

"바른답과 학부모 가이드"의 뒤표지를 앞으로 넘기면 '붙임 학습판'이 있어요. 붙임딱지를 붙여 붙임 학습판의 그림을 완성해 보세요.

3

그날의 학습이 끝나면 '정답 확인' QR 코드를 찍어 학습 인증을 하고 하루템을 모아 보세요.

쏙셈 1권(1-1) 학습 계획표

주차	교과서	학습 내용	학습 계획일	맞힌 개수	목표 달성도
1주	9까지의 수	❶ 1부터 5까지의 수	월 일	/ 25	☺☺☺☺☺
		❷ 6부터 9까지의 수	월 일	/ 25	☺☺☺☺☺
		❸ 몇째	월 일	/ 17	☺☺☺☺☺
		❹ 9까지 수의 순서	월 일	/ 25	☺☺☺☺☺
		❺ 1만큼 더 큰 수와 1만큼 더 작은 수(1)	월 일	/ 24	☺☺☺☺☺
2주		❻ 1만큼 더 큰 수와 1만큼 더 작은 수(2)	월 일	/ 26	☺☺☺☺☺
		❼ 두 수의 크기 비교	월 일	/ 22	☺☺☺☺☺
		❽ 세 수의 크기 비교	월 일	/ 25	☺☺☺☺☺
		마무리 연산	월 일	/ 28	☺☺☺☺☺
3주	덧셈과 뺄셈	❶ 9까지의 수 모으기(1)	월 일	/ 25	☺☺☺☺☺
		❷ 9까지의 수 모으기(2)	월 일	/ 28	☺☺☺☺☺
		❸ 9까지의 수 가르기(1)	월 일	/ 25	☺☺☺☺☺
		❹ 9까지의 수 가르기(2)	월 일	/ 28	☺☺☺☺☺
		❺ 덧셈식을 쓰고 읽기	월 일	/ 19	☺☺☺☺☺
		❻ 합이 9까지인 수의 덧셈(1)	월 일	/ 30	☺☺☺☺☺
4주		❼ 합이 9까지인 수의 덧셈(2)	월 일	/ 35	☺☺☺☺☺
		❽ 뺄셈식을 쓰고 읽기	월 일	/ 19	☺☺☺☺☺
		❾ 한 자리 수의 뺄셈(1)	월 일	/ 31	☺☺☺☺☺
		❿ 한 자리 수의 뺄셈(2)	월 일	/ 37	☺☺☺☺☺
		⓫ 0이 있는 덧셈과 뺄셈	월 일	/ 27	☺☺☺☺☺
5주		⓬ 세 수로 덧셈식과 뺄셈식 만들기	월 일	/ 19	☺☺☺☺☺
		⓭ 덧셈과 뺄셈하기	월 일	/ 23	☺☺☺☺☺
		⓮ 덧셈식과 뺄셈식 완성하기	월 일	/ 34	☺☺☺☺☺
		⓯ 계산 결과의 크기 비교	월 일	/ 27	☺☺☺☺☺
		마무리 연산	월 일	/ 27	☺☺☺☺☺
6주	50까지의 수	❶ 10 알아보기	월 일	/ 20	☺☺☺☺☺
		❷ 10을 모으기와 가르기	월 일	/ 26	☺☺☺☺☺
		❸ 십몇 알아보기	월 일	/ 20	☺☺☺☺☺
		❹ 19까지의 수 모으기(1)	월 일	/ 25	☺☺☺☺☺
		❺ 19까지의 수 모으기(2)	월 일	/ 28	☺☺☺☺☺
7주		❻ 19까지의 수 가르기(1)	월 일	/ 25	☺☺☺☺☺
		❼ 19까지의 수 가르기(2)	월 일	/ 28	☺☺☺☺☺
		❽ 10개씩 묶어 세기	월 일	/ 19	☺☺☺☺☺
		❾ 50까지의 수(1)	월 일	/ 23	☺☺☺☺☺
		❿ 50까지의 수(2)	월 일	/ 23	☺☺☺☺☺
		⓫ 50까지 수의 순서(1)	월 일	/ 26	☺☺☺☺☺
		⓬ 50까지 수의 순서(2)	월 일	/ 23	☺☺☺☺☺
8주		⓭ 두 수의 크기 비교	월 일	/ 27	☺☺☺☺☺
		⓮ 세 수의 크기 비교	월 일	/ 23	☺☺☺☺☺
		마무리 연산	월 일	/ 31	☺☺☺☺☺

바른답과
학부모 가이드

1권 (1학년 1학기)

잘했어

조금만
더 힘내~!

재미있게
공부해 보자!

하루와 함께
하루 한장을
시작해 봐~

파이팅!

※ 예쁜 붙임딱지를 붙이면서 하루 한장과 함께 즐겁게 공부해 보세요!

1주 1일차 ❶ I부터 5까지의 수

1 예 ⬜ (○○)
3 예 ⬜ (○○○)

2 예 ⬜ (○○○)
4 (○○○○○)

5	I에 ○표	11	2
6	3에 ○표	12	4
7	5에 ○표	13	I
8	2에 ○표	14	3
9	4에 ○표	15	2
10	3에 ○표	16	5

17	하나에 ○표	21	삼에 ○표
18	넷에 ○표	22	일에 ○표
19	셋에 ○표	23	이에 ○표
20	둘에 ○표	24	오에 ○표

연산⁺

예 [4] ☆☆☆☆☆

/ 4, 4

연산 놀이터 답 🍫 에 ○표

풀이

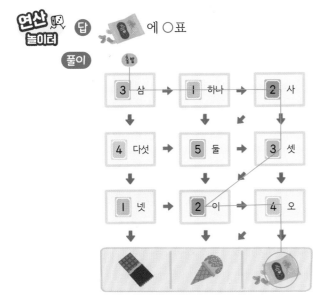

3	삼	→	I	하나	→	2	사
4	다섯	→	5	둘	→	3	셋
I	넷	→	2	이	→	4	오

[I] 일, 하나 / [2] 이, 둘 / [3] 삼, 셋 /

[4] 사, 넷 / [5] 오, 다섯

1주 2일차 ❷ 6부터 9까지의 수

1 예 (○○○○○ / ○)
3 예 (○○○○○ / ○○)

2 예 (○○○○○ / ○○○)
4 예 (○○○○○ / ○○○○)

5	6에 ○표	11	7
6	9에 ○표	12	8
7	7에 ○표	13	6
8	8에 ○표	14	9
9	6에 ○표	15	7
10	8에 ○표	16	9

17	여섯에 ○표	21	구에 ○표
18	여덟에 ○표	22	칠에 ○표
19	일곱에 ○표	23	팔에 ○표
20	아홉에 ○표	24	육에 ○표

연산⁺

예 [7] 🌳🌳🌳🌳🌳🌳🌳🌳🌳

/ 일곱에 ○표

연산 놀이터 답 팔에 ○표 / 여섯에 ○표 /
일곱에 ○표 / 아홉에 ○표

1주 3일차 ❸ 몇째

1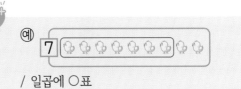
첫째

2
첫째

3
첫째

4
첫째

1

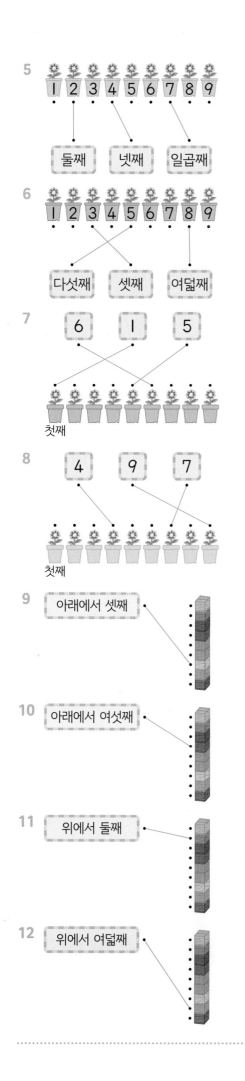

연산 놀이터 답

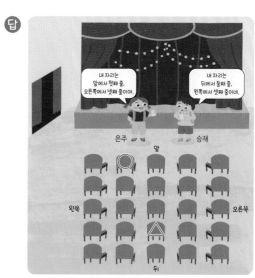

(위에서부터) 3, 5, 2 / 2 / 3, 5

1 4, 5, 7

2 3, 6, 8, 9

3 2, 4, 7, 9

4 1, 3, 5, 8

---

5 2, 4

11 4, 6

6 5, 7

12 5, 8

7 3, 5

13 6, 7

8 4, 6

14 1, 3

9 5, 7, 8

15 3, 4, 6

10 2, 4, 6

16 5, 7, 9

---

17 6, 5

21 6, 4

18 3, 1

22 9, 7

19 8, 6

23 5, 2

20 5, 4, 2

24 7, 5, 4

연산⁺

1	2	3	4	5	6	7	8	9
첫째	둘째	셋째	넷째	다섯째	여섯째	일곱째	여덟째	아홉째

/ 6 답 6

연산 놀이터 답

1 예 1 ○○ 2

2 예 6 ○○○○○ 7

3 예 3 ○○ 2

4 예 9 ○○○○○○○○ 8

---

5 ( ) (○)

9 (○) ( )

6 ( ) (○)

10 (○) ( )

7 (○) ( )

11 ( ) (○)

8 (○) ( )

12 ( ) (○)

---

13 1, 3

19 2, 3

14 3, 5

20 8, 9

15 6, 8

21 5, 6

16 2, 4

22 0, 1

17 0, 2

23 6, 7

18 5, 7

24 3, 4

연산 놀이터 답 소정

풀이 누리: 4보다 1만큼 더 큰 수 ➡ 5
소정: 8보다 1만큼 더 작은 수 ➡ 7

따라서 빙고 놀이에서 이긴 사람은 소정입니다.

1 3에 ○표 **4** 4에 ○표

2 5에 ○표 **5** 5에 ○표

3 8에 ○표 **6** 7에 ○표

---

7 2, 4 **12** 3 / I

8 0, 2 **13** 6 / 4

9 5, 7 **14** 8 / 6

10 3, 5 **15** 4 / 2

11 7, 9

---

16 2 **21** 3

17 7 **22** 8

18 I **23** 0

19 9 **24** 5

20 2 **25** 8

5, 6 / 6 답 6

답 김미소

풀이 사건 단서 ① 4보다 I만큼 더 큰 수:
5 ➡ 김

사건 단서 ② 7보다 I만큼 더 작은 수:
6 ➡ 미

사건 단서 ③ I보다 I만큼 더 작은 수:
0 ➡ 소

---

1 많습니다에 ○표 / 큽니다에 ○표

2 적습니다에 ○표 / 작습니다에 ○표

3 많습니다에 ○표 / 큽니다에 ○표

---

4 예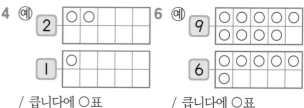
/ 큽니다에 ○표

6 예
/ 큽니다에 ○표

5 예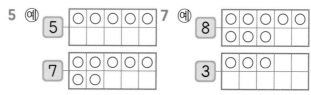
/ 작습니다에 ○표

7 예
/ 큽니다에 ○표

8 I 2 3 4 5 ⑥ 7 8 9

9 I 2 3 4 5 6 7 ⑧ 9

10 I 2 3 4 5 6 ⑦ 8 9

11 I 2 3 ④ 5 6 7 8 ⑨

---

12 3에 ○표 **17** 2에 △표

13 6에 ○표 **18** 0에 △표

14 7에 ○표 **19** I에 △표

15 8에 ○표 **20** 7에 △표

16 9에 ○표 **21** 4에 △표

2, 7, 작습니다에 ○표 / 준서에 ○표
답 준서

답 에 ○표

풀이

1	3, 4, 2 / 4	3	5, 1, 4 / 1
2	7, 2, 8 / 8	4	6, 5, 9 / 5

5	6에 ○표	11	1에 △표
6	7에 ○표	12	2에 △표
7	9에 ○표	13	3에 △표
8	8에 ○표	14	4에 △표
9	6에 ○표	15	1에 △표
10	9에 ○표	16	5에 △표

17	5에 색칠	21	2에 색칠
18	6에 색칠	22	3에 색칠
19	9에 색칠	23	1에 색칠
20	8에 색칠	24	6에 색칠

 연산+

2, 8, 5, 8 / 배에 ○표 답 배

 연산 놀이터 답

1	1	2	6	3	3
4	8	5	둘에 ○표	6	사에 ○표
7	일곱에 ○표	8	구에 ○표		

9 □□□□□ⓒ□□□□

10 □□□□□ⓒ□□□

11 아래에서 첫째

12 위에서 일곱째

13	3, 6	14	5, 9	15	5, 7, 8
16	1, 3, 5	17	7에 색칠	18	9에 색칠
19	1에 △표	20	5에 △표		
21	( ) (○) ( )				
22		23	4에 ○표, 2에 △표		
		24	8, 9		
25	진수	26	넷째	27	4장
28	기린				

24 수의 순서에서 7보다 큰 수는 7보다 뒤의 수입니다.
➡ 8, 9

25 진수: 2는 이 또는 둘이라고 읽습니다.
예슬: 6은 육 또는 여섯이라고 읽습니다.
따라서 수를 잘못 읽은 사람은 진수입니다.

26 (앞) ○○○●○○○○○
　　　　　영준
따라서 영준이는 앞에서 넷째에 서 있습니다.

27 도경이가 가지고 있는 딱지 수
↓
5보다 1만큼 더 작은 수 ➡ 4
따라서 별이가 가지고 있는 딱지는 4장입니다.

28 기린 수　사자 수
↓　　　↓
8은 4보다 큽니다.
따라서 기린과 사자 중에서 더 많이 있는 동물은 기린
입니다.

2주 5일차 ❶ 9까지의 수 모으기(1)

1	4	3	6
2	5	4	8

5 3 / ○○○

6 6 / ○○○○○○

7 7 / ○○○○○○○

8 4 / ○○○○

9 7 / ○○○○○○○

10 9 / ○○○○○○○○○

11 2	16 4	21 8
12 5	17 7	22 6
13 6	18 5	23 7
14 9	19 8	24 9
15 7	20 9	25 8

연산놀이터 답

1 5 | 4 1 | 3 5 | 2 7

5 · 6 · 9 · 8

풀이 | 1 | 5 | 4 | 1 | 3 | 5 | 2 | 7 |

6 · 5 · 8 · 9

3주 1일차 ❷ 9까지의 수 모으기(2)

1	2 / 3	3	4, 1 / 5
2	3, 3 / 6	4	5, 2 / 7

5 4	10 7	15 3
6 8	11 5	16 5
7 6	12 8	17 7
8 9	13 6	18 8
9 9	14 7	19 9

20 4	24
21 9	25
22 8	26
23 7	27

연산
5. 3 / 8 / 8 답 8

연산놀이터 답

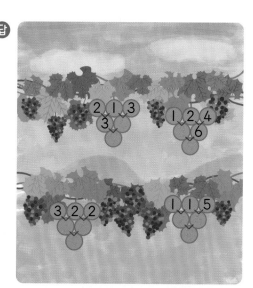

2 1 3
3

1 2 4
6

3 2 2

1 1 5

1 3　　　　**3** 2

2 2　　　　**4** 4

---

5 1 /　　○

8 1 /　　○

6 2 /　　○○

9 3 /　　○○○

7 5 /　○○○○○

10 4 /　○○○○

---

11 1　　　**16** 3　　　**21** 2

12 1　　　**17** 1　　　**22** 7

13 7　　　**18** 2　　　**23** 2

14 1　　　**19** 1　　　**24** 6

15 4　　　**20** 8　　　**25** 5

연산 놀이터　답

㉠	㉡	㉢
1	5	3

풀이

8		6		9	
7	1	1	5	3	6

---

1 1, 2　　　　**3** 6 / 3, 3

2 5 / 2, 3　　　**4** 9 / 5, 4

---

5 1　　　**10** 1　　　**15** 3

6 4　　　**11** 4　　　**16** 2

7 5　　　**12** 7　　　**17** 6

8 1　　　**13** 4　　　**18** 1

9 5　　　**14** 1　　　**19** 4

---

20 1

21 3

22 4

23 5

24 ㉠
1개 차이

25 ㉠
2개 차이

26 ㉠
4개 차이

27 ㉠
3개 차이

연산

7 / 5, 2 / 2　답 2

연산 놀이터　답

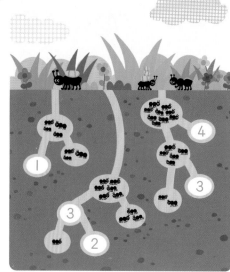

1 4 / 4 / 4   **3** 5 / 5 / 5

2 7 / 7 / 7   **4** 6 / 6 / 6

---

5 3, 4 / 3, 4   **9** 1, 3 / 1, 3

6 2, 6 / 2, 6   **10** 2, 8 / 2, 8

7 5, 7 / 5, 7   **11** 4, 5 / 4, 5

8 1, 8 / 1, 8   **12** 5, 9 / 5, 9

---

13 4, 1, 5   **16** 1, 1, 2

14 3, 3, 6   **17** 3, 5, 8

15 2, 7, 9   **18** 6, 1, 7

5, 2, 7
답 ㉲ 5+2=7 /
5 더하기 2는 7과 같습니다.
또는 5와 2의 합은 7입니다.

1 ㉲ ☐ / 3

2 ㉲ ☐ / 5

3 ㉲ ☐ / 9

---

4 ㉲ ☐ / 4   **7** 2 / 1, 2

5 ㉲ ☐ / 5   **8** 7 / 3, 7

6 ㉲ ☐ / 8   **9** 9 / 7, 9

---

10 3	**17** 6	**24** 6
11 4	**18** 5	**25** 8
12 8	**19** 7	**26** 9
13 6	**20** 9	**27** 8
14 7	**21** 8	**28** 6
15 9	**22** 4	**29** 5
16 8	**23** 9	**30** 7

8

1 3 / 예

2 6 / 예

3 9 / 예

4 4 / 4

5 8 / 8

6 9 / 9

7 2	**14** 6	**21** 6
8 3	**15** 5	**22** 8
9 7	**16** 8	**23** 7
10 6	**17** 9	**24** 9
11 8	**18** 7	**25** 6
12 4	**19** 9	**26** 7
13 7	**20** 8	**27** 9

28 4	**32** 5
29 5	**33** 8
30 7	**34** 9
31 9	

연산⁺

6, 3 / 6, 3, 9   답 9

연산 놀이터   답

 현경   승현   현지

ⓛ   ⓖ   ⓔ

풀이 현경: 1+4=5 ➡ ⓛ
승현: 2+2=4 ➡ ⓖ
현지: 2+5=7 ➡ ⓔ

---

1 2 / 2 / 2	**3** 3 / 3 / 3
2 1 / 1 / 1	**4** 5 / 5 / 5

5 2, 1 / 2, 1	**9** 1, 1 / 1, 1
6 5, 2 / 5, 2	**10** 2, 4 / 2, 4
7 1, 3 / 1, 3	**11** 3, 2 / 3, 2
8 3, 5 / 3, 5	**12** 6, 3 / 6, 3

13 5, 1, 4	**16** 6, 4, 2
14 6, 5, 1	**17** 7, 3, 4
15 9, 3, 6	**18** 8, 2, 6

연산⁺

7, 6, 1
답 7-6=1 /
예 7 빼기 6은 1과 같습니다.
또는 7과 6의 차는 1입니다.

연산 놀이터   답 에 ◯표

풀이

1 예 ○ ∅ ∅ / 1

2 예 ○ ○ ∅ ∅ ∅ / 2

3 예 ○ ○ ○ ∅ ∅ ∅ / 3

---

4 2 / 예

8 1 / 1, 1

9 2 / 4, 2

5 4 / 예

10 6 / 3, 6

6 5 / 예

7 3 / 예

---

11 2	**18** 1	**25** 2
12 3	**19** 3	**26** 5
13 1	**20** 7	**27** 5
14 4	**21** 2	**28** 1
15 7	**22** 6	**29** 4
16 4	**23** 8	**30** 1
17 2	**24** 6	**31** 3

연산 놀이터 답

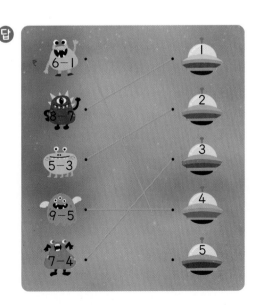

1 2 / 예 ○ ○ ∅

2 4 / 예 ○ ○ ○ ○ ○ ∅ ∅

3 4 / 예

4 2 / 예

5 1 / 1

6 4 / 4

7 5 / 5

---

8 1	**15** 3	**22** 3
9 1	**16** 1	**23** 5
10 5	**17** 7	**24** 2
11 2	**18** 3	**25** 2
12 3	**19** 1	**26** 1
13 6	**20** 6	**27** 2
14 3	**21** 4	**28** 8

---

29 2	**33** 1
30 2	**34** 3
31 6	**35** 1
32 4	**36** 5

연산

9, 2 / 9, 2, 7 답 7

연산 놀이터 답 에 ○표

풀이

1	4	3	4
2	4	4	0

5	1, 1	12	2, 0
6	3, 3	13	5, 0
7	6, 6	14	4, 0
8	9, 9	15	7, 0
9	5, 5	16	8, 0
10	2, 2	17	6, 0
11	7, 7	18	9, 0

19	3	23	1
20	6	24	0
21	2	25	5
22	8	26	0

 연산⁺

9, 0 / 9, 0, 9 답 9

 연산 놀이터 답

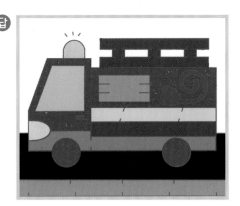

풀이

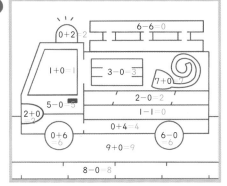

1	2, 3 / 1, 3	3	5, 4 / 5, 1
2	5, 7 / 2, 7	4	9, 5 / 9, 4

5	1, 3, 4 / 3, 1, 4	9	6, 2, 4 / 6, 4, 2
6	3, 6, 9 / 6, 3, 9	10	7, 5, 2 / 7, 2, 5
7	5, 1, 6 / 1, 5, 6	11	8, 5, 3 / 8, 3, 5
8	7, 2, 9 / 2, 7, 9	12	7, 1, 6 / 7, 6, 1

13	2, 5 / 5, 3	16	3, 6 / 6, 3
14	3, 7 / 7, 4	17	6, 8 / 8, 2
15	1, 8 / 8, 7	18	8, 9 / 9, 1

 연산⁺

2, 6, 4 / 2, 6, 4

답 예 2, 4, 6 / 6, 2, 4

참고 • 만들 수 있는 덧셈식:
2+4=6 또는 4+2=6
• 만들 수 있는 뺄셈식:
6−2=4 또는 6−4=2

 연산 놀이터 답

11

1 2 / 2 / 2　　　　**3** 1 / 1 / 1

2 5 / 5 / 5 / 5　　**4** 3 / 3 / 3 / 3

---

5 4 / 4 / 4 / 4　　**9** 2 / 2 / 2 / 2　　**13** 3 / 3

6 9 / 9 / 9 / 9　　**10** 4 / 4 / 4 / 4　**14** 5 / 5

7 3 / 4 / 5 / 6　　**11** 5 / 4 / 3 / 2　**15** 9 / 9

8 6 / 7 / 8 / 9　　**12** 3 / 2 / 1 / 0　**16** 8 / 8

　　　　　　　　　　　　　　　　　　17 7 / 7

---

18 5+2에 색칠　　　**21** 7 / 8 / 9

19 8+1에 색칠　　　**22** 3 / 4 / 5

20 8−3에 색칠

 2, 2, 2, 2 　답 예 6−4=2

참고 빼지는 수가 3, 4, 5로 1씩 커지고 빼
는 수도 1, 2, 3으로 1씩 커지면 차는
같습니다.

 답

풀이 5+3=8 / 7−3=4 /
4+1=5 / 6−0=6

1 2 / 2　　　　　　**3** 5 / 5

2 4 / 4　　　　　　**4** 7 / 7

---

5 3　　　**12** 3　　　**19** +

6 1　　　**13** 5　　　**20** +

7 5　　　**14** 6　　　**21** +

8 2　　　**15** 4　　　**22** −

9 4　　　**16** 7　　　**23** −

10 6　　　**17** 8　　　**24** −

11 8　　　**18** 9　　　**25** −

---

26 2　　　　**30** +

27 3　　　　**31** −

28 9　　　　**32** +

29 8　　　　**33** −

 6, 9 / 6, 3, 9 / 3 　답 3

놀이터 답

풀이 빈칸에 알맞은 수를 □라고 하면
□−1=6, □=7 / 1+□=3, □=2 /
3+□=3, □=0 / □−2=3, □=5 /
2+□=8, □=6 / □+5=8, □=3 /
□−0=3, □=3 / □−6=3, □=9

1 4, 6 /
  (   )(○)

5 6, 3 /
  (○)(   )

2 9, 8 /
  (○)(   )

6 4, 5 /
  (   )(○)

3 3, 1 /
  (○)(   )

7 6, 5 /
  (○)(   )

4 2, 6 /
  (   )(○)

8 4, 7 /
  (   )(○)

9 (   )(△)

15 (   )(△)

10 (△)(   )

16 (△)(   )

11 (△)(   )

17 (△)(   )

12 (   )(△)

18 (△)(   )

13 (   )(△)

19 (   )(△)

14 (△)(   )

20 (   )(△)

21 ○ ◎ ○

24 ○ ○ △

22 ◎ ○ ○

25 △ ○ ○

23 ○ ○ ◎

26 ○ ○ △

9, 3, 6 / 4, 6, 작습니다에 ○표 /
선아에 ○표 답 선아

 답

지연이가 사려고 하는 물건

5 + 2 = 7

은호가 사려고 하는 물건

1 + 7 = 8

/ 은호

1 3, 4 / 7

2 5 / 2, 3

3 8 / 8

4 1 / 1

5 3

6 9

7 2

8 4

9 7

10 0

11 5

12 7

13 4

14 6

15 9 / 9 / 9 / 9

16 3 / 3 / 3 / 3

17 +

18 −

19 3, 5 / 8

20 7 / 6

21 1, 7, 8, 7, 1, 8 / 8, 1, 7, 8, 7, 1

22 2

23 0+8에 색칠

24 승아

25 5+1=6 / 6송이

26 4−3=1 / 1개

27 7−7=0 / 0대

11 1+4=5

12 5+2=7

13 6−2=4

14 9−3=6

19 모으기를 이용하여 빈칸에 알맞은 수를 써넣습니다.

20 가르기를 이용하여 빈칸에 알맞은 수를 써넣습니다.

22 5−□=3을 가르기로 나타내 봅니다.

5
□ 3

➡ 5는 2와 3으로 가르기 할 수 있으므로 □=2입니다.

23 4+3=7, 0+8=8, 8−8=0
따라서 계산 결과가 가장 큰 것은 0+8입니다.

24 승아: 3 2   현우: 1 6

5   7

따라서 모으기 한 수가 더 작은 친구는 승아입니다.

📖 교과서 50까지의 수

6주 1일차 ❶ 10 알아보기

1 ☺☺☺☺☺☺☺☺☺☺

2 ☺☺☺☺☺☺☺☺☺☺

3 ☹☹☹☹☹☹☹☹☹☹

4 ☹☹☹☹☹☹☹☹☹☹

5 ☹☹☹☹☹☹☹☹☹☹

---

6 7, 8, 9, 10

7 칠, 구, 십

8 다섯, 아홉, 열

9 3, 4, 6, 9, 10

10 이, 오, 팔, 십

11 하나, 넷, 일곱, 열

---

12 (   )(○)(○)　　　　**15** 2

13 (○)(   )(○)　　　　**16** 1

14 (○)(   )(○)　　　　**17** 4

　　　　　　　　　　　　　　 18 7

　　　　　　　　　　　　　　 19 5

연산 　3 / 3　답 3

  답　열에 ○표 /
　　　　　열에 ○표 /
　　　　　십에 ○표 /
　　　　　열에 ○표

6주 2일차 ❷ 10을 모으기와 가르기

1 10　　　　　　　　**3** 2

2 10　　　　　　　　**4** 7

---

5 10　　　**10** 5　　　**15** 6

6 10　　　**11** 1　　　**16** 3

7 10　　　**12** 3　　　**17** 2

8 10　　　**13** 6　　　**18** 7

9 10　　　**14** 8　　　**19** 5

---

20 8 / 10　　　　**23** 9

21 7, 3 / 10　　　**24** 10 / 6, 4

22 4, 6 / 10　　　**25** 10 / 5, 5

연산 　3, 7 / 10 / 10　답 10

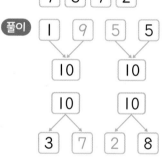

14

1 1, 2, 12

2 1, 5, 15

3 1, 9, 19

---

4 11

5 13

6 16

7 14

8 19

9 1 / 4

10 1 / 7

11 1 / 2

12 1 / 8

13 1 / 5

---

14 십이, 열둘

15 십육, 열여섯

16 십구, 열아홉

17 11 / 십일, 열하나

18 14 / 십사, 열넷

19 17 / 십칠, 열일곱

 연산

1, 8, 18 / 18 답 18

참고 다음과 같이 초콜릿을 10개씩 묶을 수 있습니다.

 예

 연산놀이터 답

1 11

2 13

3 14

4 17

---

5 11 / ⭕⭕⭕⭕⭕⭕ ⭕⭕⭕⭕⭕

6 12 / ⭕⭕⭕⭕⭕⭕ ⭕⭕⭕⭕⭕⭕

7 15 / ⭕⭕⭕⭕⭕⭕⭕ ⭕⭕⭕⭕⭕⭕⭕⭕

8 14 / ⭕⭕⭕⭕⭕⭕⭕ ⭕⭕⭕⭕⭕⭕⭕

9 13 / ⭕⭕⭕⭕⭕⭕ ⭕⭕⭕⭕⭕⭕⭕

10 16 / ⭕⭕⭕⭕⭕⭕⭕⭕ ⭕⭕⭕⭕⭕⭕⭕⭕

---

11 12

12 13

13 15

14 14

15 17

16 12

17 11

18 18

19 13

20 12

21 11

22 16

23 14

24 15

25 19

 연산놀이터  답 소라: 16 / 9 7 → 16

준호: 18 / 8 10 → 18

1 12

3 3, 8 / 11

2 7, 7 / 14

4 5, 10 / 15

5	11	10	12	15	16
6	15	11	11	16	13
7	13	12	15	17	12
8	14	13	14	18	17
9	14	14	13	19	15

---

20 14　　24 11

21 11　　25 16

22 15　　26 18

23 14　　27 19

 연산

4, 8 / 12 / 12 답 12

연산 놀이터 답

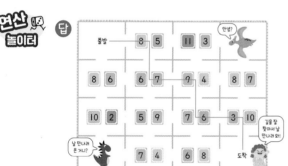

풀이

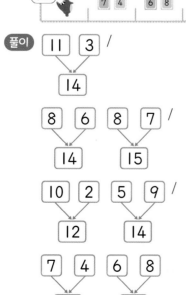

1 3　　3 6

2 7　　4 9

---

5 5 /

8 7 /

6 9 /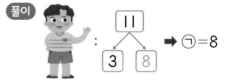

9 8 /

7 6 /

10 9 /

11	2	16	9	21	4
12	5	17	6	22	9
13	6	18	9	23	7
14	8	19	5	24	8
15	7	20	8	25	9

연산 놀이터 답 　　에 △표

풀이

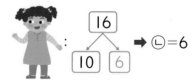 : 11 → 3, 8 → ㉠=8

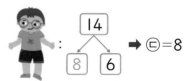 : 16 → 10, 6 → ㉡=6

14 → 8, 6 → ㉢=8

따라서 다른 버스를 타고 집에 가야 하는 친구는 　　입니다.

16

1 8, 4		3 15 / 6, 9	
2 14 / 9, 5		4 17 / 7, 10	

5 7	10 6	15 7
6 5	11 7	16 6
7 9	12 5	17 3
8 3	13 4	18 5
9 6	14 4	19 10

20 2		24 9	
21 6		25 8	
22 7		26 7	
23 11		27 5	

 18 / 9, 9 / 9 답 9

 답

1 2, 20		3 3, 30	
2 4, 40		4 5, 50	

5 20		9 3	
6 30		10 2	
7 50		11 4	
8 40		12 5	

13 사십, 마흔		16 30 / 삼십, 서른	
14 삼십, 서른		17 20 / 이십, 스물	
15 이십, 스물		18 50 / 오십, 쉰	

 4 / 4 답 4

답

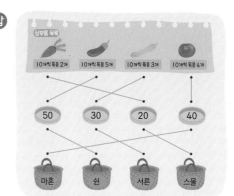

1 2, 3, 23		3 2, 9, 29	
2 3, 5, 35		4 4, 2, 42	

5 21		10 2 / 6	
6 27		11 3 / 1	
7 32		12 3 / 8	
8 39		13 4 / 4	
9 45		14 4 / 7	

15 이십이, 스물둘		20 25 / 이십오, 스물다섯	
16 이십팔, 스물여덟		21 34 / 삼십사, 서른넷	
17 삼십육, 서른여섯		22 37 / 삼십칠, 서른일곱	
18 사십일, 마흔하나		23 43 / 사십삼, 마흔셋	
19 사십구, 마흔아홉			

  답 민아

풀이 〈재호의 행운권〉 ㉠ 23 ㉡ 38 ㉢ 42
〈민아의 행운권〉 ㉠ 23 ㉡ 38 ㉢ 45
〈광수의 행운권〉 ㉠ 32 ㉡ 36 ㉢ 45

1 2, 6 / 26

2 4, 1 / 41

3 3, 4 / 34

4 4, 8 / 48

---

5 23

6 49

7 36

8 25

9 32

10 47

11 3 / 1

12 2 / 8

13 4 / 3

14 3 / 9

15 4 / 5

16 2 / 4

---

17 27 / 이십칠, 스물일곱

18 33 / 삼십삼, 서른셋

19 42 / 사십이, 마흔둘

20 31 / 삼십일, 서른하나

21 29 / 이십구, 스물아홉

22 46 / 사십육, 마흔여섯

 4, 2, 42 / 42 답 42

 답

풀이 〈가로 열쇠〉
① 사십삼 ➡ 43
② 10개씩 묶음 2개인 수 ➡ 20
③ 삼십사 ➡ 34
④ 10개씩 묶음 2개와 낱개 1개인 수 ➡ 21
〈세로 열쇠〉
⑤ 서른둘 ➡ 32
⑥ 이십삼 ➡ 23
⑦ 마흔둘 ➡ 42
⑧ 10개씩 묶음 1개와 낱개 9개인 수 ➡ 19

1 11

2 20

3 25

4 34

5 39

6 48

---

7 11, 13

8 17, 19

9 22, 24

10 25, 27

11 30, 32

12 33, 35

13 36, 38

14 39, 41

15 44, 46

16 48, 50

---

17 17, 18

18 32, 33

19 28, 30

20 47, 49

21 38, 41

22 13, 14

23 25, 27

24 35, 37

25 18, 19, 21

26 42, 44, 45

 답

1 12

2 26

3 40

4 33

5 20, 22

6 36, 38

7 43, 45

8 27, 29

---

9 13, 14

10 29, 31

11 33, 35

12 20, 23

13 48, 49

14 17, 15

15 25, 24

16 42, 41, 39

17 34, 32, 30

18 21, 19, 18

19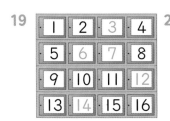

21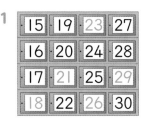

20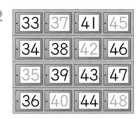

22

연산

48, 49, 50 / 49　답 49

연산 놀이터　답 22

풀이　달력에서 잉크를 흘린 곳에 수를 쓰면 다음과 같습니다.

일	월	화	수	목	금	토
19	20	21 봄 소풍 가는 날	22	23	24	25 놀이공원 가는 날
26	27	28 예술 생일	29	30		

따라서 봄 소풍 가는 날은 22일입니다.

1 작습니다에 ○표

2 큽니다에 ○표

3 큽니다에 ○표

4 작습니다에 ○표

---

5 큽니다에 ○표

6 작습니다에 ○표

7 작습니다에 ○표

8 큽니다에 ○표

9 작습니다에 ○표

10 큽니다에 ○표

11 작습니다에 ○표

12 큽니다에 ○표

13 큽니다에 ○표

14 작습니다에 ○표

15 큽니다에 ○표

16 작습니다에 ○표

---

17 14에 ○표

18 23에 ○표

19 31에 ○표

20 44에 ○표

21 47에 ○표

22 17에 △표

23 30에 △표

24 22에 △표

25 41에 △표

26 32에 △표

연산

50, 36, 큽니다에 ○표 / 지희에 ○표
답 지희

연산 놀이터　답

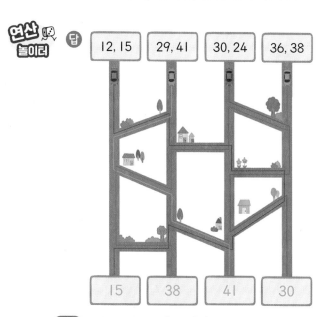

풀이
・15는 12보다 큽니다.
・41은 29보다 큽니다.
・30은 24보다 큽니다.
・38은 36보다 큽니다.

19

1 (위에서부터) 1, 2, 3 / 8, 6, 2 / 32

2 (위에서부터) 1, 1, 1 / 7, 2, 5 / 17

3 (위에서부터) 3, 2, 1 / 4, 3, 6 / 16

4 (위에서부터) 2, 2, 3 / 2, 0, 7 / 20

---

5 18에 ○표

6 31에 ○표

7 32에 ○표

8 35에 ○표

9 46에 ○표

10 50에 ○표

11 19에 △표

12 30에 △표

13 32에 △표

14 40에 △표

15 24에 △표

16 16에 △표

---

17 19

18 37

19 43

20 21

21 45

22 47

연산⁺

(위에서부터) 2, 3, 2 / 3, 5, 7 /
23 / 소에 ○표 **답** 소

연산 놀이터 **답** 희수

풀이 지우:

 → 38

희수:

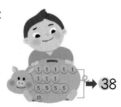 → 50

경호:

 → 42

따라서 돈을 가장 많이 모은 친구는 희수입니다.

---

1 10	**2** 14	**3** 8
4 9	**5** 16	**6** 12
7 17	**8** 6	**9** 8
10 9	**11** 16	**12** 20
13 34	**14** 47	**15** 15, 17
16 36, 38	**17** 29, 30, 32	
18 47, 49, 50	**19** 23에 ○표	
20 38에 ○표	**21** 27에 색칠	
22 16에 색칠		
23 (왼쪽에서부터) 10 / 4		
24 (왼쪽에서부터) 6 / 3		
25 삼십오, 서른다섯	**26** 18, 19, 20, 21, 22	
27 (○) ( ) ( ) (○)		
28 15개	**29** 49송이	
30 4개	**31** 재희	

25

10개씩 묶음 3개와 낱개 5개는 35입니다.
➡ 35는 삼십오 또는 서른다섯이라고 읽습니다.

28 수지가 접은 → 8 7 ← 인우가 접은
종이비행기 수   종이비행기 수
15

따라서 수지와 인우가 접은 종이비행기는 모두 15개
입니다.

29 10개씩 묶음 4개와 낱개 9개는 49입니다.
따라서 장미꽃은 모두 49송이입니다.

30 25부터 30까지의 수를 순서대로 쓰면
25, 26, 27, 28, 29, 30이므로 25와 30 사이
에 있는 수는 26, 27, 28, 29입니다.
따라서 25와 30 사이에 있는 수는 모두 4개입니다.

31 열여덟을 수로 나타내면 18입니다.
재희가 한 줄넘기 횟수 종현이가 한 줄넘기 횟수
36은 18보다 큽니다.
따라서 줄넘기를 더 많이 한 친구는 재희입니다.

20

하루 한장 쏙셈
칭찬 붙임딱지

하루의 학습이 끝날 때마다 칭찬 트리에
붙임딱지를 붙여서 꾸며 보세요.

매일매일 학습이 완료되면
칭찬 트리에 붙여 봐!

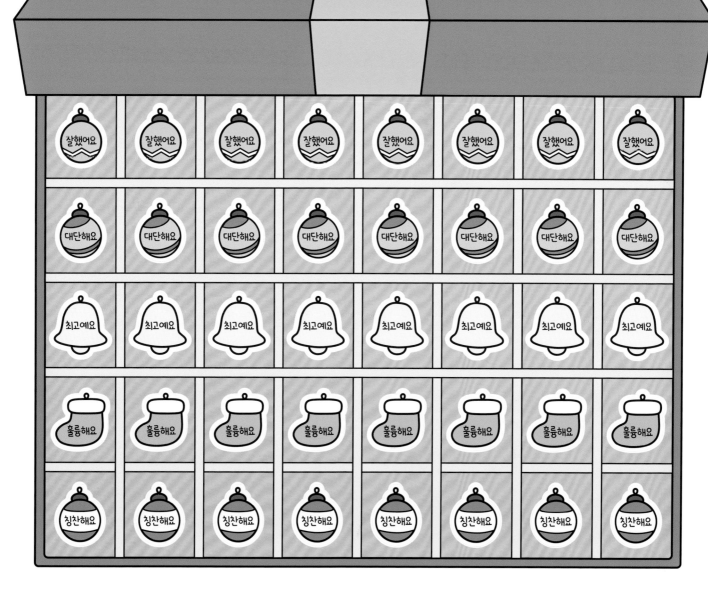

공부 습관을 키우는

_____ 의 칭찬 트리

↑ 이름을 쓰세요.

1주 1일차
1주 2일차
1주 3일차
1주 4일차
1주 5일차
2주 2일차
2주 3일차
2주 4일차
2주 1일차
2주 5일차
3주 1일차
3주 2일차
3주 3일차
3주 5일차
4주 1일차
4주 2일차
3주 4일차
4주 3일차
5주 3일차
4주 4일차
5주 2일차
5주 1일차
5주 4일차
4주 5일차
5주 5일차
6주 1일차
6주 2일차
6주 4일차
6주 3일차
6주 5일차
7주 2일차
7주 1일차
7주 4일차
7주 3일차
7주 5일차
8주 1일차
8주 3일차
8주 5일차
8주 2일차
8주 4일차

칭찬 트리를 완성했을 때의
부모님과의 약속 ♥

매일매일 부담 없이
공부 습관을 길러 주는